"1+X" 多轴数控加工职业技能等级证书系列教材

多轴加工技术应用

武汉华中数控股份有限公司　组　编

主　编　张　虎　董　延　刘怀兰

副主编　唐立平　陆忠华　刘　玲　裴江红

　　　　欧阳波仪　欧阳陵江

参　编　马延斌　魏昌洲　吉中帅　徐　新

　　　　程　坤　蒋杰祥　吕　勇　熊艳华

主　审　蒋荣良　宁　柯

中国教育出版传媒集团

高等教育出版社·北京

内容简介

本书结合"1+X"多轴数控加工职业技能等级标准和考核大纲的要求，应用 UG NX12.0 和 Vericut 9.0 软件，对四个典型案例从图样零件的 3D 建模、工艺规划、数控编程、虚拟仿真与实际加工四个方面，按照生产流程和技术环节逐步进行讲解。

结合案例几何特点和编程方法，文中穿插各技术要点所对应的理论知识，使读者既能掌握多轴加工技术的应用技能，又能深入理解其技术原理。各章节包含了多轴数控加工编程技巧的说明和配有操作过程的二维码视频。读者通过各案例的学习，可逐步提高多轴数控加工技术应用水平。

本书可作为"1+X"多轴数控加工职业技能等级证书的教学和培训教材，也可以作为高职专科、职教本科、应用型本科等院校中装备制造大类相关专业的教材，也可以作为企事业单位制造加工领域工程技术人员的参考用书。

授课教师如需要本书配套的教学课件资源，可发送邮件至邮箱 gzjx@pub.hep.cn 获取。

图书在版编目（CIP）数据

多轴加工技术应用／张虎，董延，刘怀兰主编；武汉华中数控股份有限公司组编. -- 北京：高等教育出版社，2023.11
ISBN 978-7-04-058908-5

Ⅰ.①多… Ⅱ.①张… ②董… ③刘… ④武… Ⅲ.①数控机床-多轴铣床-加工-教材 Ⅳ.①TG543

中国版本图书馆 CIP 数据核字（2022）第 116416 号

Duozhou Jiagong Jishu Yingyong

| 策划编辑 | 吴睿韬 | 责任编辑 | 吴睿韬 | 封面设计 | 王 琰 | 版式设计 | 童 丹 |
| 责任绘图 | 邓 超 | 责任校对 | 任 纳 刘丽娴 | | | 责任印制 | 赵义民 |

出版发行	高等教育出版社		网 址	http://www.hep.edu.cn
社 址	北京市西城区德外大街 4 号			http://www.hep.com.cn
邮政编码	100120		网上订购	http://www.hepmall.com.cn
印 刷	北京中科印刷有限公司			http://www.hepmall.com
开 本	787mm×1092mm 1/16			http://www.hepmall.cn
印 张	14			
字 数	330 千字		版 次	2023 年 11 月第 1 版
购书热线	010-58581118		印 次	2023 年 11 月第 1 次印刷
咨询电话	400-810-0598		定 价	41.80 元

本书如有缺页、倒页、脱页等质量问题，请到所购图书销售部门联系调换
版权所有 侵权必究
物 料 号 58908-00

联合建设单位

湖南工业职业技术学院　　　　池州职业技术学院

湖南网络工程职业学院　　　　河北机电职业技术学院

无锡职业技术学院　　　　　　宁夏工商职业技术学院

高等教育出版社　　　　　　　山西机电职业技术学院

武汉第二轻工学校　　　　　　黑龙江职业技术学院

宝安职业技术学校　　　　　　沈阳职业技术学院

武汉职业技术学院　　　　　　集美工业学校

陕西工业职业技术学院　　　　武汉高德信息产业有限公司

南宁职业技术学院　　　　　　武汉重型机床集团有限公司

长春机械工业学校　　　　　　中国航发南方工业有限公司

吉林工业职业技术学院　　　　中航航空高科技股份有限公司

河南工业职业技术学院　　　　湖北三江航天红阳机电有限公司

黑龙江农业工程职业学院　　　中国船舶重工集团公司第七一二研究所

内蒙古机电职业技术学院　　　吉林省吉通机械制造有限责任公司

重庆工业职业技术学院　　　　中国航天科工集团公司三院一五九厂

湖南汽车工程职业学院　　　　湖北三江航天红峰控制有限公司

河南职业技术学院　　　　　　宝鸡机床集团有限公司

九江职业技术学院

序

为进一步深化产教融合，国务院发布的《国家职业教育改革实施方案》中明确提出在职业院校、职教本科和应用型本科高校启动"学历证书+若干职业技能等级证书"（简称"1+X"证书）制度试点工作，开展深度产教融合、"双元"育人的具体指导政策与要求，其中"1+X"证书制度是统筹考虑、全盘谋划职业教育发展，推动企业深度参与协同育人和深化复合型技术技能人才培养培训而做出的重大制度设计。

武汉华中数控股份有限公司是我国国产装备制造业龙头企业和第三批"1+X"证书《多轴数控加工职业技能等级证书》的培训评价组织。为了高质量实施相关证书制度试点工作，应广大院校要求，组织无锡职业技术学院、湖南网络工程职业学院和湖南工业职业技术学院等多所院校和企业共同编写本系列教材。

作为"1+X"多轴数控加工职业技能等级证书的培训教材，它是根据教育部数控技能型紧缺人才的培养培训方案的指导思想及多轴数控加工职业技能等级证书标准要求，结合当前数控技术的发展及学生的认知规律编写而成。教材中围绕多轴数控加工职业技能等级证书考核题目的基础案例，以及多轴数控加工工艺的复杂案例进行分析，详细介绍多轴铣削技术，内容涵盖五轴机床的操作、五轴定向加工、五轴联动加工、多轴仿真技术、在线检测技术、多轴加工产品质量控制、多轴机床的维护与保养等企业生产中必备的实用技术，使学习者能在完成案例任务的过程中，掌握数控领域的基础知识和技术能力，并能完成岗位所需技能的培训要求。

本系列教材适用于参与多轴数控加工"1+X"职业技能等级证书制度试点的中职、高职专科、职教本科、应用型本科高校中装备制造大类相关专业的教学和培训；同时也适用于企业职工和社会人员的培训与认证等。

通过这套系列教材中的实际案例和详实的工艺分析可以看出编者为此付出的辛勤劳动，相信系列教材的出版一定能给准备参加多轴数控加工"1+X"职业技能等级证书考试的学习者带来收获。同时，也相信系列教材可以在数控技能培训与教学，以及高技能人才培养中发挥出更好的作用。

第 41 届至第 45 届世界技能大赛
数控车项目中国技术指导专家组组长
宋放之
2022 年 5 月

随着航空航天、汽车、船舶、模具、自动化设备等制造业的发展，产品零件的结构逐渐复杂，制造精度的要求也随之提高，因而对生产设备的生产效率和精度提出了新的要求。同时，为了适应市场产品多样化，加工设备需具备高柔性，即在满足大批量生产的前提下，加工设备还需具备适应多品种生产的能力。伴随着我国制造业的产业升级，多轴加工设备因其高效率、高精度、高柔性的特点，已在各类制造企业中逐渐普及，因此这类企业对多轴数控加工技术技能人才的需求逐年提高。

党的二十大报告指出："教育、科技、人才是全面建设社会主义现代化国家的基础性、战略性支撑。必须坚持科技是第一生产力、人才是第一资源、创新是第一动力，深入实践科教兴国战略、人才强国战略、创新驱动发展战略。"高素质技能人才是科技人才队伍的重要组成部分，是促进科技创新成果转化的主力军。而职业教育是国民教育体系和人才资源开发的重要组成部分，承担着为现代经济社会培养高素质技能人才的重要任务。

2019 年 4 月，教育部等四部门联合印发《关于在院校实施"学历证书+若干职业技能等级证书"制度试点方案》，部署启动"学历证书+若干职业技能等级证书"（简称"1+X"证书）制度试点工作。武汉华中数控股份有限公司是"多轴数控加工"职业技能等级证书制度试点的职业教育培训评价组织。为了高质量实施"1+X"证书的试点工作，武汉华中数控股份有限公司组织了湖南工业职业技术学院、无锡职业技术学院、河南职业技术学院、重庆工业职业技术学院等职业院校共同编写了多轴数控加工职业技能等级证书系列教材。

本书结合多轴数控加工职业技能等级标准和考核大纲（中级）的要求，应用 UG NX 12.0 和 Vericut9.0 软件，对四个典型案例从图样零件的 3D 建模、工艺规划、数控编程、虚拟仿真与实际加工四个方面，按生产流程和技术环节逐步进行讲解。结合案例几何特点和编程方法，文中以"提示"的方式穿插讲解各技术要点所对应的理论知识，使读者既能掌握多轴加工技术的应用技能，又能深入理解其技术原理。读者通过各案例的学习，可逐步提高多轴数控加工技术应用水平。

本书由无锡职业技术学院张虎、河南职业技术学院董延、武汉华中数控股份有限公司刘怀兰担任主编。无锡职业技术学院唐立平、陆忠华、魏昌洲、徐新、程坤、吉中帅、蒋杰祥、于龙腾，内蒙古机电职业技术学院刘玲，湖南工业职业技术学院欧阳陵江，重庆工业职业技术学院裴江红，湖南汽车工程职业学院欧阳波仪，兰州石化职业技术学院马延斌，济南职业学院吕勇，武汉华中数控股份有限公司熊艳华，武汉市仪表电子学校杨琛等参与了本书的编写。 武汉华中数控股份有限公司蒋荣良和宁柯对本书进行了审阅。

　　本书在编写过程中得到了武汉华中数控股份有限公司和高等教育出版社的大力支持，在此表示衷心的感谢。

　　本书配有软件操作的二维码链接视频和案例配套相关素材，方便读者学习使用。

　　由于编者水平有限，加之时间仓促，书中难免出现疏漏和不妥之处，敬请广大读者批评指正。

编　者
2022 年 10 月

目　录

▶▶ 第1章
多轴数控加工技术
简介与案例导读

1.1 多轴数控加工机床简介

数控加工是指在数控加工机床上由控制系统发出指令使刀具作符合要求的各种运动，进行零件加工的工艺过程。多轴数控加工，通常指四轴以上的数控加工，其中具有代表性的是五轴数控加工。

数控加工机床是一种装有程序控制系统的自动化机床，其控制系统能够处理各类控制程序并将其译码，通过信息载体输入数控装置并经运算处理后发出各种控制信号，控制机床的动作将零件自动加工出来，是一种典型的机电一体化产品。数控加工机床一般由程序载体、输入输出设备、数控系统（CNC）、伺服单元、位置检测系统、机床机械部件等六个部分组成。当数控加工机床带有自动换刀功能时，称为加工中心，一般分为立式加工中心和卧式加工中心。立式加工中心的主轴呈垂直状态，而卧式加工中心的主轴为水平状态，通常以立式加工中心较为常见。

1.1.1 数控加工机床坐标轴的定义

机床坐标系是机床运动加工的基本坐标系，采用右手直角笛卡尔坐标系。机床坐标轴可分为做直线运动的 X 轴、Y 轴、Z 轴，其对应的旋转轴分别为 A 轴、B 轴、C 轴。旋转轴正方向 $+A$、$+B$、$+C$ 可以用右手螺旋法则判定，即先将大拇指指向待判定旋转轴所围绕的直线轴的正方向，然后其余四指自然弯曲，弯曲四指的指向即为该旋转轴的正方向，其相对位置关系如图 1-1 所示。若还有其他附加轴，则可以用 U、V、W 或 P、Q、R 等表示。上述规定均遵循刀具相对静止工件而运动的原则，且增大刀具与工件之间距离的方向为坐标正方向。

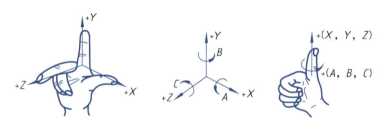

图 1-1　笛卡尔坐标系相对位置关系

1.1.2 多轴数控加工机床结构形式

多轴数控加工机床与三轴数控加工机床的区别在于除 X 轴、Y 轴、Z 轴外，还增加了旋转轴（A 轴、B 轴、C 轴）参与加工，一次零件装夹后可完成多个面的定向和联动加工。根据旋转轴形式，可分为绕工作台旋转和绕摆头旋转两类；根据旋转轴的个数，分为四轴数控加工机床和五轴数控加工机床等。此外，实际生产中还会使用车铣复合机床，它是将车床和铣床的结构结合，可进行车铣复合加工，广义上也可以归类为多轴加工机床。现对常见的多轴数控加工机床结构做简要说明。

1. 五轴数控加工机床结构

五轴数控加工机床有 5 个坐标轴（3 个直线轴和 2 个旋转轴），按旋转轴形式不同下面分类介绍。

（1）双转台五轴机床　如图 1-2 所示为双转台五轴机床结构示意图。底部转台绕 X 轴

旋转为 A 轴,一般有一定的旋转范围,在其上布置一回转工作台;可绕 Z 轴360°旋转为 C 轴。通过 A 轴和 C 轴结合,固定在工作台表面的工件,仅底面无法加工。这种结构刚性好、制造成本低,但工作台载重量小,加工范围较小。

（2）单摆头与单转台五轴机床　如图1-3所示为单摆头与单转台五轴机床结构示意图。主轴摆动作为一个回转轴,一般可为 A 轴或 B 轴,旋转角度通常有一定的范围。此外工作台可进行旋转,回转轴一般为 C 轴,可进行360°旋转,从而实现五轴加工。这种结构的加工范围与载重量较双转台结构要大。

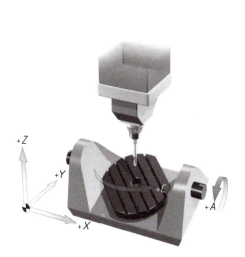

图1-2　双转台五轴机床结构示意图

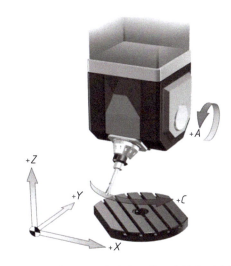

图1-3　单摆头与单转台五轴机床结构示意图

（3）双摆头五轴机床　如图1-4所示为双摆头五轴机床结构示意图。这一类型机床的主轴可以作两个方向的旋转运动,图示为 $A+C$ 轴旋转和 $B+C$ 轴旋转。刀具随主轴头摆动,可以从任意方向接近工件,因而加工范围大。同时,工作台做水平运动,可加工重型零件,但主轴的双回转结构复杂,制造成本较高。

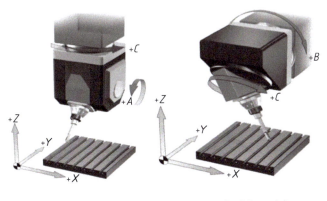

正交的 $C+A$ 方式　　　　　非正交的 $B+C$ 方式

图1-4　双摆头五轴机床结构示意图

2. 四轴数控加工机床结构

四轴数控加工机床有4个坐标轴（3个直线轴和1个旋转轴）,一般可分为立式和卧式两种,立式四轴机床较为常见,四轴四转台布置于工作台左侧或右侧,平行于 X 轴,适用于回转类零件的加工。而卧式四轴机床旋转轴垂直于工作台平面,加工范围较大,一般用于减速器箱体、发动机气缸等箱体类零件的加工。如图 1-5 和图 1-6 所示分别为立式和卧式四轴机床结构示意图。

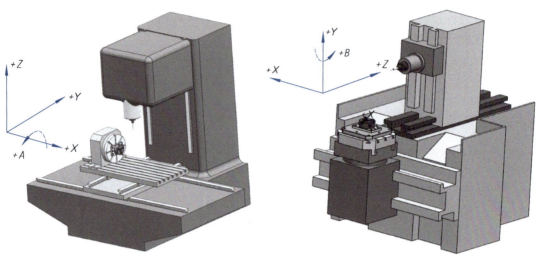

图 1-5　立式四轴机床结构示意图　　　　图 1-6　卧式四轴机床结构示意图

1.2　多轴数控加工工艺流程与特点

1.2.1　多轴数控加工工艺流程

多轴数控加工工艺流程一般如下:首先根据加工零件图样,依据现有加工设备,确定加工设备与零件装夹方式;然后确定毛坯尺寸,设计夹具,选定加工刀具,制定加工工艺路线(粗加工、半精加工、精加工等),确定切削参数;其次根据工艺,利用数控编程软件编制数控加工程序,对于复杂零件的加工可以进行虚拟加工仿真验证;最后装夹工件和刀具,传输数控加工程序至机床数控系统,对零件进行实际加工并校验测量,如图 1-7 所示。

1.2.2　多轴数控加工特点

多轴数控加工具有如下几个特点:

1)减少了装夹和基准转换次数,提高了加工精度和生产效率。

多轴加工能通过一次装夹完成多个定位面的加工,而对于传统加工机床来说需要根据不同定位面进行多次装夹,但在多次装夹过程中极易产生因定位基准转化而导致的误差积累。同时,多次装夹耗时耗力,使得普通机床对操作人员的技能要求反而更高。如图 1-8 所示为五轴加工机床一次装夹加工多个定位面。

2)减少工装夹具数量,缩短生产过程工艺链,综合成本低。

尽管多轴数控加工中心的单台设备价格较高,但由于生产过程工艺链的缩短和装夹等工装设备的减少,简化了生产管理,降低了综合成本。多轴数控加工大大缩短了生产过程链,工件越复杂,它相对传统工序分散的生产方式优势就越明显。同时由于生产过程链的缩短,在制品的数量必然减少,可以简化生产管理,从而降低了生产运营和管理成本。

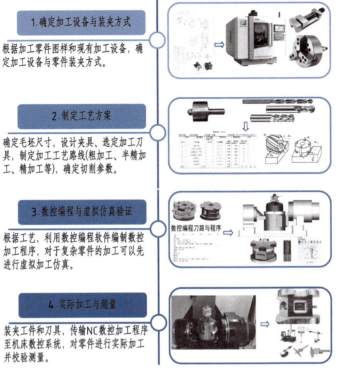

图 1-7　多轴数控加工工艺流程

3）缩短新产品研发周期,提高零件的工艺多样性。

在航空航天、汽车等领域,产品零件形状复杂,精度要求高。多轴数控加工具有高精度、高集成度的特点,可以很好地解决新产品研发过程中对于单件或小批量复杂零件加工的精度和周期要求,缩短研发周期。

此外,多轴数控加工提高了零件加工工艺的多样性,如可以加工三轴机床无法加工的斜角和倒扣面等特征;用更短的刀具从不同的方位去接近零件,增加刀具刚性;让刀具沿零件平面法向倾斜,改善切削条件;使用侧刃切削,获得较好的加工表面,提高加工效率。

图 1-8　一次装夹加工多个定位面

4）对数控编程人员的技能要求高。

由于多轴数控加工的刀轴可变,加工工艺方案具有多样性,因而对于复杂零件的加工编程可能有多个方案,需要编程人员对比分析以获得最优解。同时,对于复杂零件的加工,应考虑加工过程是否存在加工干涉、过切等情况,需要进行全流程实景虚拟加工仿真。因而,多轴数控加工对于数控编程人员的技能要求较高,而由于多轴加工设备减少了装夹次数并提高了自动化程度,对于机床操作人员的技能要求反而降低了。

1.3　多轴数控加工案例导读

1.3.1　常见工业零件与多轴加工方式

工业产品中的零件种类繁多,如图1-9所示分别为箱体零件、铣刀盘、驱动连接座、口罩机齿模、工艺鼎、叶轮。

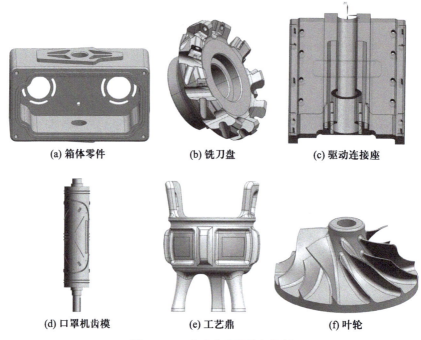

(a) 箱体零件　　　　(b) 铣刀盘　　　　(c) 驱动连接座

(d) 口罩机齿模　　　　(e) 工艺鼎　　　　(f) 叶轮

图1-9　工业产品零件特征举例

上述各零件虽然外形不同,但组成零件的几何元素可归纳为平面特征、直线和圆弧组成的轮廓特征、曲面特征、孔特征、槽特征等。

对于这些几何元素的加工,主要可以分为两种方式进行:

(1)定向加工　也称为定轴加工,即机床的旋转轴先转到一固定的方位后进行加工,转轴不与 X、Y、Z 三轴联动,如箱体零件、铣刀盘、驱动连接座的大部分特征,都可以通过定向加工实现。

由于在加工某一特征平面或曲面后,转动轴不发生改变,其加工编程方法与三轴机床的加工方法基本相同。一般而言,定向加工的加工效率较高,可以用于特征的开粗加工、精加工、孔加工等。如图1-10所示为驱动连接座定向加工刀路示意图,它加工了两个不同位置的平面。

(2)联动加工　又称为可变轴联动加工,可分为四轴联动加工和五轴联动加工。在加工中至少有一个旋转轴同时参与了 X、Y、Z 轴的运动,如口罩机齿模、工艺鼎、叶轮的大部分曲面的精加工都需要联动加工才可以完成。如图1-11和图1-12所示分别为口罩机齿模辊面的四轴联动加工刀路与叶轮轮毂面的五轴联动加工刀路。

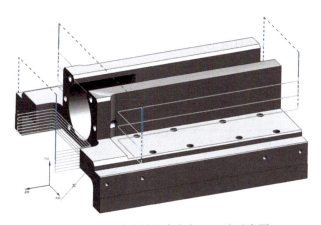

图 1-10 驱动连接座定向加工刀路示意图

图 1-11 口罩机齿模辊面的四轴联动加工刀路   图 1-12 叶轮轮毂面的五轴联动加工刀路

联动加工方式中,通过不同的驱动方式,如曲面、曲线等创建刀轨生成驱动点,再通过控制刀轴和投影矢量,使刀具沿着复杂的曲面、曲线运动,刀具的移动受驱动点、投影矢量、刀轴三者共同控制。

1.3.2 多轴数控加工技能等级证书案例解读

本书案例以多轴数控加工职业技能等级证书(中级)考核大纲为依据,按照大纲要求,案例中的加工内容包括水平面、垂直面、斜面、阶梯面、倒角等平面铣削加工,轮廓中的直线、圆弧组成的轮廓(型腔、岛屿)铣削加工,曲面中常规曲面特征(以拉伸、旋转、扫掠的方式建模)中的曲面铣削加工,孔类(通孔、盲孔)中的钻铰孔加工,槽类中的直槽、键槽、T 形槽加工。考核大纲具体内容见附件 1。

由于案例零件用于考核,案例之间的难度基本保持一致,同时为体现实用性,参考了工业零件上的不同特征并予以组合,形成了下列 4 个案例零件。案例零件来源于工业产品,掌握其编程和加工方法,可有效提升多轴加工技术的应用能力。

同时考核大纲规定了尺寸公差最高为 IT7 级、几何公差等级最高为 IT8 级、表面粗糙度值最高为 $Ra1.6~\mu m$。案例零件对应的技能等级为中级,要求零件需为五轴定向加工零件或四轴联动加工零件。

多轴加工案例零件简要说明,见表 1-1。

表 1-1　多轴加工案例零件简要说明

案例名称	案例特征	案例说明
花型零件		该零件在圆柱回转面上有孔、台阶、矩形槽,上端面有环绕开放孔和曲面组成的花型特征,下端面有斜面,需五轴定向加工;比较难的加工特征为底部矩形槽平面、花型特征,需要掌握五轴定向加工编程方法
双侧环道零件		该零件在圆柱回转面上有孔、台阶、流道槽,单边底面上有开放矩形槽等特征,需四轴定向和联动加工;比较难的加工特征为螺旋槽特征,需要掌握四轴定向和联动加工编程方法
矩形方台零件		该零件在上部方台面上有矩形槽、孔、凸台、曲面等特征,需四轴定向加工,底部圆柱面上有 U 形槽特征,需四轴联动加工;比较难的加工特征为圆角 U 形槽,需要掌握四轴定向和联动加工编程方法
环绕基座零件		该零件在圆柱回转面上有孔、台阶、流道槽等特征,需四轴定向加工,圆柱曲面特征需四轴联动加工;比较难的加工特征为圆柱曲面,需要掌握四轴定向和联动加工编程方法

1.4　本章小结

本章对多轴数控加工技术中的笛卡尔坐标系、多轴数控加工机床结构形式进行了简要说明,简述了多轴数控加工工艺流程及其特点。通过工业产品零件说明了多轴加工中定向加工和联动加工两种加工方式。通过不同加工特征的组合形成了 4 个案例零件,并对其进行了简要说明。

▶▶ 第2章
花型零件的加工实例

2.1　零件特征分析与任务说明

2.1.1　零件特征说明

如图 2-1 所示为花型零件工程图。该零件在圆柱回转面上有孔、台阶、矩形槽,一侧端面有环绕开放孔,另一侧端面有斜面。根据零件特点,需五轴定向加工。

加工要素中包括平面、垂直面、斜面、阶梯面、倒角、平面轮廓(型腔、岛屿)、曲面、孔等特征,为方便说明,对零件中的各位置特征进行简要分类和命名说明,如图 2-2 所示。

2.1.2　零件精度要求说明

根据图样尺寸标注,该零件的加工等级最高为:尺寸公差等级达 IT7 级,几何公差等级达 IT8 级,表面粗糙度值 Ra 达到 1.6 μm,均与考核大纲要求一致。零件尺寸中涉及的尺寸公差范围不同,对于公差等级精度要求较高的尺寸,需要重点关注。花型零件除自由公差外的零件精度要求见表 2-1。

2.1.3　任务说明

如图 2-3 所示,需完成以下任务:

(1)根据零件工程图,应用建模软件 UG NX12.0 进行零件三维建模。

(2)结合零件特征和机床特点,明确加工思路,制定零件加工工艺。

(3)依据加工工艺,应用数控编程软件 UG NX12.0 完成零件的 CAM 编程并生成 NC 代码。

(4)使用 Vericut9.0 软件进行虚拟加工仿真,验证加工刀路正确性,以防产生加工干涉。

(5)依据制定的加工工艺,应用数控机床、加工工具和生成的 NC 程序对零件进行实际加工。

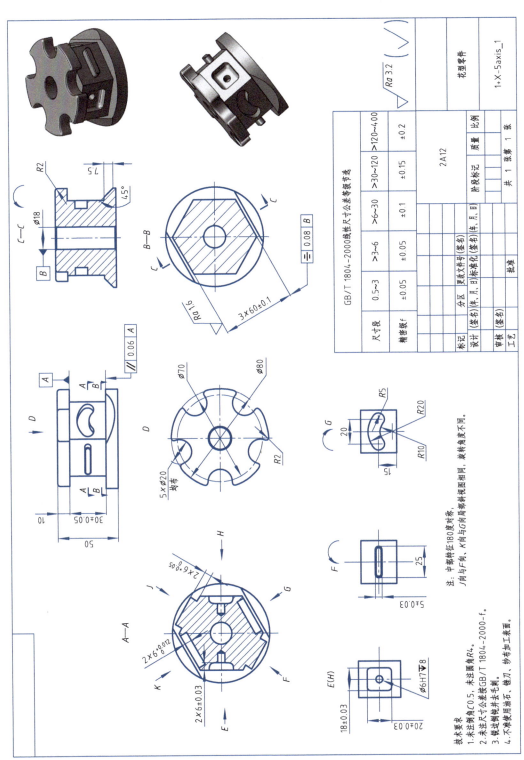

图 2-1 花型零件工程图

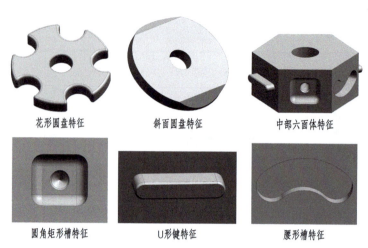

花形圆盘特征   斜面圆盘特征   中部六面体特征

圆角矩形槽特征   U形键特征   腰形槽特征

图 2-2 零件位置特征说明

表 2-1 零件精度要求   mm

尺寸公差	1	$2×6^{+0.012}_{0}$	IT7	尺寸公差	5	$3×60±0.1$	
	2	$2×6^{+0.05}_{0}$			6	$2×18±0.03$	
	3	$2×6±0.03$			7	$2×20±0.03$	
	4	$30±0.05$			8	$2×5±0.03$	
几何公差	1	平行度 0.06	IT 8	几何公差	2	对称度 0.08	

图 2-3 项目工作步骤流程图

2.2 零件三维模型的建立

花型建模

2.2.1 整体外形特征的建立

1. 花型圆盘特征的建立

（1）打开 UG NX12.0 软件，新建"模型"，命名为"花型"，单击"确定"，进入建模环境，如图 2-4 所示。

（2）在"主页"中单击"草图"▨进入草图绘制界面。按照工程图中的尺寸，在基准坐标系 XOY 平面使用"圆"〇、分别绘制一个直径为 80 mm 和 70 mm 同心圆，并右击 φ70 圆，选择"转换为参考"▨，将其设置为参考曲线；接着以水平直线与 φ70 圆的交点为圆心，绘制 φ20 的圆；通过"快速修剪"▨ 和"几何约束"▨，完成 φ20 圆修剪；最后通过"阵列曲线"▨，完成其他 4 个花型圆的绘制，修剪掉多余曲线，完成草图，如图 2-5 所示。

（3）绘制完成后，单击▨完成草图的绘制，并使用"拉伸"▨沿基准坐标系 Z 轴的负方向拉伸 10 mm，创建出花型圆盘特征，如图 2-6 所示。

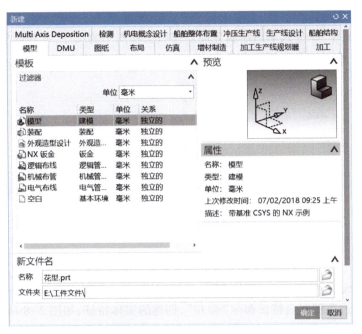

图 2-4　新建文件对话框

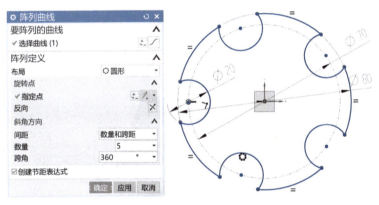

图 2-5　阵列设置与花型草图绘制

图 2-6　花型圆盘特征的创建

2. 🏃 中间六边形特征的建立

（1）单击"草图" 🔲 进入草图绘制界面。按照工程图中的尺寸，在基准坐标系 *XOY* 平面使用"多边形" ⊙ 绘制一个内切圆半径为 30 mm 的六边形，如图 2-7 所示。

图 2-7 六边形草图绘制

（2）绘制完成后，单击"完成草图" 🏁，使用"拉伸" 🔲 沿基准坐标系 *Z* 轴的正方向拉伸 30 mm，并且和左边花型圆盘特征布尔"合并"，创建的实体特征，如图 2-8 所示。

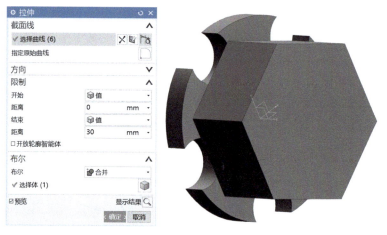

图 2-8 中间六边形特征的创建

3. 🏃 圆盘特征的建立

通过"主页"→"特征"选项卡→更多选项，使用"圆柱" 🔲，其中"轴"沿基准坐标系 *Z* 轴正方向，"直径"和"高度"分别输入 80 mm 和 10 mm，创建出圆盘特征并和主体布尔"合并"，如图 2-9 所示。

2.2.2 中部六边形六面特征的建立

1. 🏃 U 形键特征的建立

（1）单击"草图" 🔲 进入草图绘制界面。按照工程图中的尺寸，在六边形侧平面上使用"轮廓" ⅃ 可创建一系列相连直线和圆弧；接着通过"几何约束" ⊿，分别进行"水平"
↦ 约束、"点在曲线上"约束 ⏸（矩形线中心在 *Y* 轴上）、"水平对齐"约束 ⊢（左侧六边形边框线中点与键圆弧中心水平对齐）等工具绘制草图；最后，通过尺寸约束完成草图，如图2-10 所示。

图 2-9　圆盘特征的创建

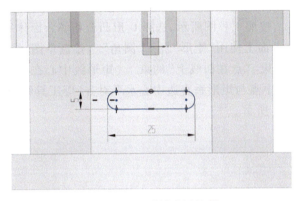

图 2-10　U 形键草图绘制

（2）使用"拉伸" ,沿草图所在平面的法向向正方向拉伸 6 mm,并且和主体布尔"合并",创建出特征拉伸,如图 2-11 所示。

图 2-11　U 形键特征拉伸

（3）通过"主页"→"特征"选项卡→更多选项中的"关联复制",选择"镜像特征" ,选择 U 形键特征为要镜像的特征,镜像平面选择"二等分"（选择 U 形键所在的六面体对称面），单击"确定"按钮，U 形键特征镜像创建完成，如图 2-12 所示。

图 2-12　U 形键特征镜像

2. 圆角矩形槽特征的建立

（1）单击"草图"，按照工程图所示，选择 U 形凸台相邻六面体平面为草图绘制平面，进入草图绘制界面。在平面上使用"矩形"、"圆角"绘制草图；接着通过"几何约束"，分别进行"水平"约束、"点在曲线上"约束（矩形线中心在 Y 轴上）、"水平对齐"约束（右侧六边形边框线中点与矩形垂直边中心水平对齐）等工具绘制草图；最后，通过尺寸约束完成草图，如图 2-13 所示。

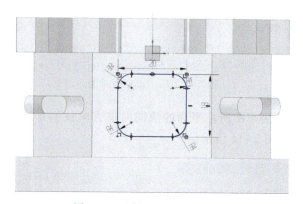

图 2-13　圆角矩形槽草图绘制

（2）使用"拉伸"，沿草图所在平面的法向负方向拉伸 6 mm，并且和主体布尔"减去"，创建出单个特征，如图 2-14 所示。

（3）使用"阵列特征"，"布局"使用"圆形"，"轴"选择基准坐标系 Z 轴，"指定点"为坐标系原点，"间距"使用"数量和跨距"，"数量"和"跨角"分别输入 2 和 180°。单击"确定"按钮，阵列出另一面的特征。圆角矩形槽特征创建完成，如图 2-15 所示。

3. 腰形槽特征的建立

（1）单击"草图"，选择圆角矩形槽相邻六边形平面为草图绘制平面，进入草图绘制界面。按照工程图中的尺寸，在其中一个六边形台的平面使用"圆"、"圆弧"绘制草图；接着通过"几何约束"，分别进行"点在曲线上"约束（腰形槽同心圆弧中心在 Y 轴上）、"相切"约束（左右两侧半圆与同心圆弧相切）、"水平对齐"约束（左右半圆中心水平对齐）等工具绘制草图；最后，通过尺寸约束完成草图绘制，如图 2-16 所示。

图 2-14　圆角矩形槽特征拉伸

图 2-15　圆角矩形槽特征阵列

（2）使用"拉伸"，沿草图所在平面的法向负方向拉伸 6 mm，并且和主体布尔"减去"，创建出单个腰形槽特征，如图 2-17 所示。

（3）通过"主页"→"特征"选项卡→更多选项中的"关联复制"，选择"镜像特征"，选择腰形槽特征为要镜像的特征，镜像平面选择"二等分"（选择腰形槽所在的两个六面体对称底平面），单击"确定"按钮，腰形槽特征镜像创建完成，如图 2-18 所示。

2.2.3　圆盘斜面特征的建立

（1）单击"基准平面"，使用"曲线和点"，在"曲线和点子类型"中选择"点和曲线/轴"，分别选择腰形槽圆弧中心点、ϕ80 mm 圆柱中心轴线，确定基准平面，如图 2-19 所示。

17

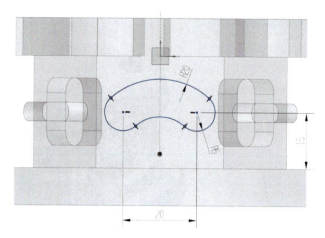

图 2-16　腰形槽草图绘制

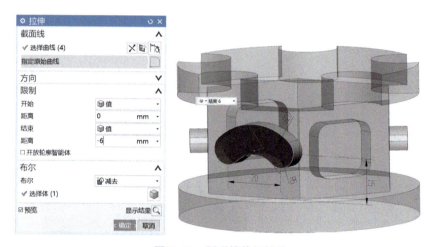

图 2-17　腰形槽特征拉伸

图 2-18　腰形槽特征镜像

（2）单击"草图"，以上一步创建完成的基准平面为草图绘图平面,进入草图绘制界面。按照工程图中的尺寸,使用"直线"绘制草图,如图2-20 所示。

（3）使用"拉伸"，沿平面法向贯通,并且和主体布尔"减去",创建出如图 2-21 所示实体特征。

图 2-19　确定基准平面

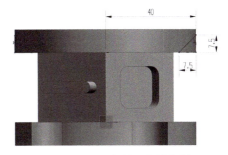

图 2-20　圆盘斜面草图绘制

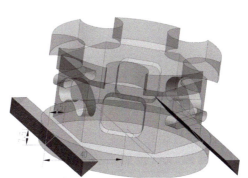

图 2-21　圆盘斜面特征拉伸

2.2.4　孔特征的建立

（1）使用"简单孔" ，在模型矩形槽中心，创建一个直径为 6 mm、深度为 8 mm 的常规孔，如图 2-22 所示。

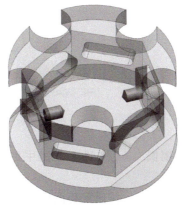

图 2-22　钻孔特征的创建

（2）使用"简单孔" 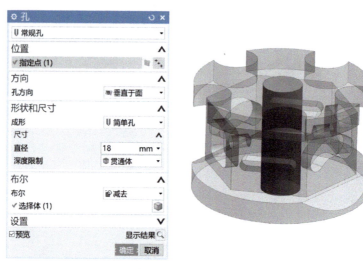，在模型 ϕ80 圆柱中心，创建一个直径为 18 mm 的贯通孔，如图 2-23 所示。

图 2-23　贯通孔的创建

2.2.5　倒角特征的建立

（1）使用"边倒圆" 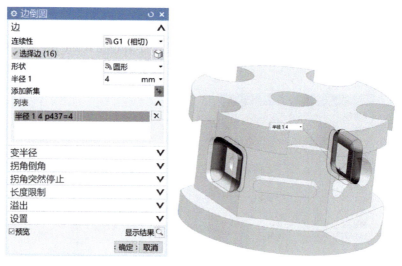，按照工程图中的尺寸在模型边角处倒 R4 圆角，如图 2-24 所示。

图 2-24　倒 R4 圆角

（2）使用"边倒圆"，按照工程图中的尺寸在花型边缘处倒 R2 圆角，如图 2-25 所示。

（3）使用"倒斜角"，按照工程图中的尺寸，在贯通孔两边缘处、U 形键、中心孔边缘处倒 C0.5 斜角，创建出最终模型，如图 2-26 所示。

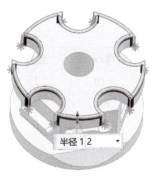

图 2-25　倒 *R*2 圆角

图 2-26　倒斜角和创建完成的模型

2.3　工艺规划

2.3.1　机床设备与工具

1. 机床设备

GS200-i5-a 高速五轴数控机床,可用于加工复杂曲面,适用于小型叶轮、叶片、精密模具等复杂零件的加工。其外形及参数如图 2-27 所示。

技术参数	
X/*Y*/*Z* 轴行程/mm	500/360/360
A 轴	−30° ~ 110°
C 轴	360° 回转
主轴最高转速/(r/min)	20 000
刀柄类型	BT30

图 2-27　GS200-i5-a 高速五轴数控机床外形及参数

2. 🏃 刀具清单

刀具清单见表 2-2,考核时可根据实际情况做调整。

表 2-2　刀 具 清 单

序号	名称	规格/mm	数量	序号	名称	规格/mm	数量
1	平底立铣刀	$\phi10$	1	4	麻花钻	$\phi5.8$	1
2		$\phi6$	2	5	铰刀	$\phi6H7$	1
3	球头刀	$\phi6R3$	1	6	倒角刀	$\phi8-90°$	1

3. 🏃 工具清单

加工现场应提供的工具清单,见表 2-3,考核时可根据实际情况做调整。

表 2-3　工 具 清 单

序号	名称	规格	数量
1	百分表	0～5 mm	1
2	杠杆百分表	0～0.8 mm	1
3	磁力表座	自定	1
4	外径千分尺	0～25 mm	1
5		25～50 mm	1
6	内径千分尺	0～25 mm	1
7	游标卡尺	0～150 mm	1
8	深度千分尺	0～100 mm	1
9	圆孔塞规	$\phi6H7$	1
10	光电寻边器	$\phi10$	1
11	Z 轴设定器	50 m	1
12	油石	自定	1
13	毛刷	自定	1
14	棉布	自定	1
15	胶木榔头	自定	1
16	活动扳手	自定	1
17	锉刀	自定	1
18	卸刀扳手	自定	1
19	DNC 连线及通信软件	自定	1
20	计算机	自定	1

2.3.2　加工方案的制定

1. 🏃 装夹方案

毛坯外形与零件图如图 2-28 所示,其材料为铝合金 2A12。

采用芯轴定位和螺母固定工件(毛坯),夹具装配体主要由芯轴、工件(毛坯)、压紧垫圈、螺母等组成。压紧垫圈可采用开口弹簧垫圈、防松垫圈或自制垫片等形式。使用时,采用芯轴定位,工件(毛坯)与芯轴间隙配合、止靠芯轴端面,压紧垫圈过渡,最终拧入螺母夹

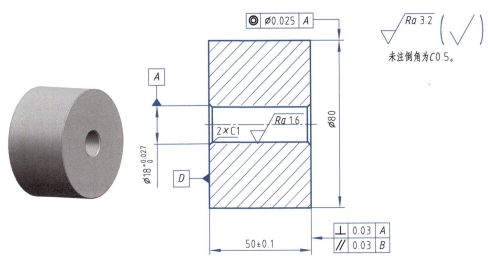

图 2-28　毛坯外形与零件图

紧。装配完成后,芯轴一端装入机床上的通用夹具上(如三爪自定心卡盘或四爪单动卡盘等)并夹紧,从而与机床工作台保持相对固定。

工件(毛坯)依靠螺母锁紧后形成的摩擦力,防止加工时切削转矩造成工件与芯轴发生相对转动,实现力锁合固定。这一装夹方式较为经济,工件装卸方便,受夹紧力的限制适用于在小切深、低进给的切削参数下使用。

当需要提高加工效率时(增加切削深度和进给速度),可以在芯轴止靠端面处布置一防转销钉,毛坯对应位置打一销孔后进行装配,这一装夹方式通过防转销限制工件相对芯轴转动,实现形锁合固定。夹具装配体示意图如图 2-29 所示。除销钉连接外,还可以通过胀紧式芯轴、平键连接等方式实现周向固定。

依据机床结构和工件特征,工件装夹与定位示意图如图 2-30 所示(机床自带的通用夹具为四爪单动卡盘)。加工时,工艺基准应与图样主要尺寸基准一致,选择花型上表面外圆

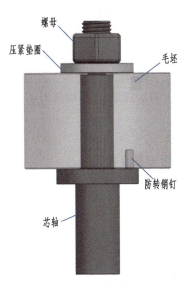

图 2-29　夹具装配体示意图

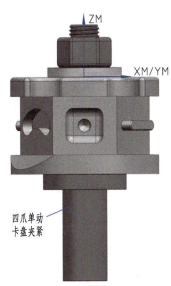

图 2-30　工件装夹与定位示意图

23

中心为零件坐标原点,应用软件数控编程时,加工坐标系可按图示设置。考核时,装夹方案可根据实际情况作适当调整。

2. 加工工艺的制定

(1)加工工艺分析　按基面先行、先面后孔、先粗后精、先主后次的加工原则,根据现有机床、工件毛坯和工具对花型零件进行加工工艺路线的制定。

① 采用φ10平底立铣刀对零件中部六面体和花型圆盘端面进行一次开粗铣削加工,对于无法进刀的阶梯、槽,选用φ6平底立铣刀二次开粗,从而可以去除大部分加工余量,使毛坯的形状和尺寸接近成品。

粗铣加工一般采用立铣刀按等高面一层一层地铣削,这种粗铣效率较高,粗铣加工后的曲面类似于山坡上的"梯田",台阶的高度根据粗铣切削深度而定。分层加工使零件的内应力均衡,防止变形过大。粗铣加工还可采用插铣、摆线铣等方式。为避免因刀具磨损导致的精度误差,应区分粗、精加工刀具。

② 采用φ6、φ10平底立铣刀进行中部六面体平面、侧壁等特征的半精铣和精铣加工;采用Φ6R3球头刀对零件槽道曲面与花型外圆曲面等进行半精加工与精加工。

受机床误差、工件变形、刀具振动加工余量不均等的影响,对于零件中有较高精度要求的几何特征,工件粗加工后直接精加工,得到的产品质量不一定能够符合精度要求。一次精加工后,当零件尺寸符合要求时,则完成了这一特征的加工;当零件尺寸出现超差时,若仍有加工余量则可进行二次精加工,但当零件出现过切、没有加工余量时则无法修正,从而造成零件报废。因此,对有尺寸精度要求的几何特征,粗加工后可增加半精加工工序,半精加工后的余量均匀,表面质量高,有利于精加工时的尺寸控制和加工质量的稳定性。由于工件是一次装夹完成所有的特征加工,因此准确的装夹与对刀是零件加工满足几何公差和尺寸公差要求的重要前提。

③ 采用φ5.8麻花钻进行钻孔,然后使用φ6H7铰刀进行铰孔加工,保证孔的精度。最后采用φ8-90°倒角刀对工件进行倒角加工。

(2)切削用量与加工余量

① 切削用量包括切削速度(主轴转速)、进给速度、切削深度(背吃刀量)等。选择切削用量的原则是:粗加工时,一般以提高生产率为主,但也应考虑经济性和加工成本;半精加工和精加工时,应在保证加工质量的前提下,兼顾切削效率、经济性和加工成本。具体数值应根据机床说明书、刀具切削手册,结合加工经验而定。主轴转速 n 是加工程序中的参数,切削深度指垂直于进给速度方向的切削层的最大尺寸。切削速度 v_c 是指铣刀切削刃上选定点相对工件主运动的瞬时速度,相关计算公式为:

$$n = 1\,000v_c/\pi D$$

式中:v_c 为切削速度,m/min;n 为主轴转速,r/min;D 为刀具直径,mm。

进给速度 v_f 是指铣刀切削刃上选定点相对工件进给运动的瞬时速度,其计算公式为:

$$v_f = f_r n = f_z z n$$

式中:v_f 为进给转速 ,mm/min;f_r 为铣刀每转一转的进给量,mm/r;f_z 为铣刀每转过一齿的进给量,mm/z;z 为刀具齿数。

影响切削用量的因素较多,包括机床的刚性、刀具种类与夹持长度、毛坯材质、装夹工件的紧固程度以及冷却方式等。切削深度、进给速度的大小受机床强度、刀杆刚度及夹具工艺系统刚度影响较大;切削速度与主轴转速成正比,提高转速可提高生产率,但刀具磨损加快、刀具寿命也急剧下降。为提高生产效率,粗加工时可提高切深和进给速度,但对应的转速应降低;为获得较高的表面质量,精加工时可提高转速、降低进给速度。在开阔区域可提高进给速度,在轮廓拐角、狭小深腔的区域则应降低进给速度。

加工采用硬质合金刀具、乳化液冷却,结合高速轻载机床与装夹方式等的特点,零件每刀切削深度可设为 0.5 ~ 2 mm,每次走刀宽度为刀具直径的 60% ~ 75% ,主轴转速设置在 3 500 ~ 10 000 r/min,进给速度为 800 ~ 2 500 mm/min。实际加工时可以根据现场情况调节进给和转速倍率。不同加工条件下的机床刚性、刀具材料、刀柄类型、冷却条件、夹具等有差异,实际加工时采用的工艺路线、切削用量等会有所不同,也与设计者的经验有关。

② 加工余量是指加工过程中,从加工表面铣削去除的金属层的厚度。加工余量的大小对于零件的加工质量和生产效率均有较大的影响。加工余量过大,不仅增加机械加工的劳动量、降低生产率,而且增加材料和电力的消耗,提高加工成本;加工余量过小,不能保证消除前工序的各种误差和表面缺陷,甚至产生废品。因此,应当合理地确定加工余量,其方法有查表法、经验估计法、分析计算法。

企业批量生产时,刀具成本和机床的时间成本较高,因此在粗加工时余量设置应尽可能小,以便于降低半精加工、精加工的时长和刀具磨损。而单件、小批量生产时,特别是机床和刀具、刀柄性能等不确定时,为防止过切可适当增加加工余量,以保证零件加工精度。结合零件特征与切削参数,零件铣削加工中的粗加工余量设置范围为 0.1 ~ 0.5 mm,半精加工余量设置范围为 0.05 ~ 0.2 mm,钻孔预留 0.1 mm 余量,可根据实际加工情况来具体选择和调整。

(3) 数控加工工序安排　结合 NX UG12.0 编程工序方法和花型零件尺寸要求,零件数控加工工序安排见表 2-4。与软件数控编程命名一致,表中的刀具规格 D10、D6、R3、ZXZ3、ZT5.8、JD6 和 DJ8 分别代表表 2-2 中的 φ10 平底立铣刀、φ6 平底立铣刀、φ6R3 球头刀、φ5.8 麻花钻、φ6H7 铰刀和 φ8-90°倒角刀。

表 2-4　零件数控加工工序安排

序号	工步		编程工序方法	刀具规格	主轴转速 /(r/min)	进给速度 /(mm/min)	预留余量 /mm	对应刀路
	加工阶段	加工部件						
1	铣削定向一次开粗加工	中部六面体	型腔铣	D10	5 500	2 000	0.3	
		花型圆盘	型腔铣	D10	5 500	2 000	0.3	
		斜面圆盘	深度轮廓铣	D10	5 500	2 000	0.3	
2	铣削定向二次开粗加工	腰形槽	带边界面铣	D6	6 500	1 500	0.3	
		圆角矩形槽	带边界面铣	D6	6 500	1 500	0.3	

序号	工步 加工阶段	加工部件	编程工序方法	刀具规格	主轴转速 /（r/min）	进给速度 /（mm/min）	预留余量 /mm	对应刀路
3	铣削半精加工	腰形槽与圆角矩形槽上平面	底壁铣	D6 精	8 000	1 000	0.1	
		腰形槽内侧壁与底面	底壁铣	D6 精	8 000	1 000	0.1	
		U 形键及底平面	底壁铣	D6 精	8 000	1 000	0.1	
		圆角矩形槽侧壁	固定轮廓铣	R3	8 000	1 000	0.1	
4	铣削精加工	腰形槽与圆角矩形槽上平面及侧壁	底壁铣	D6 精	8 000	1 000	0	
		腰形槽底平面	底壁铣	D6 精	8 000	1 000	0	
		U 形键及底面	底壁铣	D6 精	8 000	600	0	
		圆角矩形槽底平面	平面铣	R3	8 000	1 000	0	
		圆角矩形槽侧壁	固定轮廓铣	R3	8 000	1 000	0	

续表

序号	工步		编程工序方法	刀具规格	主轴转速/(r/min)	进给速度/(mm/min)	预留余量/mm	对应刀路
	加工阶段	加工部件						
4	铣削精加工	花型圆盘圆角	固定轮廓铣	R3	8 000	1 000	0	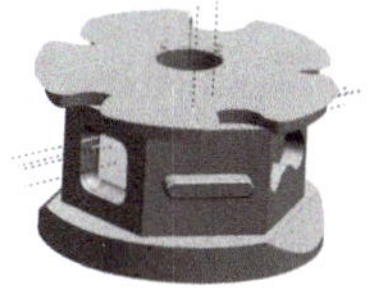
		花型圆盘侧壁	平面铣	D6 精	8 000	1 000	0	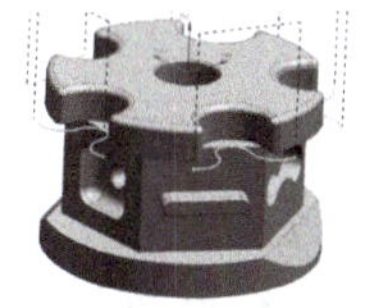
		圆盘斜面	底壁铣	D10	8 000	1 000	0	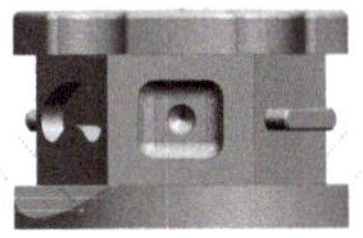
5	钻铰孔架	矩形槽底面孔	钻孔	ZT5.8	1 500	100	0.1	
			铰孔	JD6	800	50		
6	倒角加工	倒角特征	平面轮廓铣	DJ8	5 500	800	0	

✎ **提示：**

　　表 2-4 借鉴了现有相关文献的表达方式，整体展示了零件的加工工序、采用的数控编程方法和加工刀路，以全面了解零件加工过程。在此基础上，可制定标准格式的零件数控加工工序卡。

　　上述案例表格中，铣削加工中的半精加工与精加工采用了同一把刀具，对半精加工后的结果可进行尺寸测量，从而为精加工尺寸修调、补偿提供依据。此外，半精加工可以消除粗加工时的切削缺陷，如过切或让刀现象等。当然，如机床与刀具系统加工精度较高且稳定，粗加工后直接精加工就能满足工件精度要求时，则不需要增加半精加工工序。但这对操作者来说，需要有一定的加工经验且对所加工的机床、刀具等较为熟悉。考虑到通用性，书中案例对有精度要求的几何特征均增加了铣削半精加工，读者根据情况可灵活选用。

　　企业生产中，加工工艺及工艺参数文件往往是在加工实践中逐渐优化而制定形成的。结合现有加工条件，在保证加工质量的前提下，可逐渐提高加工效率，减少刀具损耗，如逐渐降低粗加工预留余量、提高切削深度和进给速度、减少加工工艺过程等。

　　表中工艺参数设置受限于加工机床、刀具、刀柄、装夹方式、冷却方式、加工环境等诸多因素，因此工艺参数仅供参考，实际加工可根据情况进行调整。

2.4　数控编程

选择 UG NX12.0 作为该案例的加工编程软件,编程过程主要分为数控编程预设置;铣削粗加工(定向一次开粗和定向二次开粗);铣削半精加工/精加工;孔加工/倒角加工;仿真验证、输出程序,数控编程流程图如图 2-31 所示。

图 2-31　数控编程流程图

2.4.1　数控编程预设置

数控编程预设置主要是进行数控编程的前期工作,包括在 NX 建模模块下对工件几何模型进行修改与创建辅助几何,比如辅助线、辅助面、辅助体等;在加工模块下创建程序组、创建加工用刀具、构建加工工件-坐标系-毛坯设置、创建加工方法等。

编程预设置

1. ✂ 创建辅助几何

为提高编程效率、减少非必要的加工刀路,创建一辅助体并放置在图层 10 内。具体操作步骤如下:

在主菜单栏中选择"视图"→"可见性"→"更多",选择"复制至图层" 🖾 ,如图 2-32 所示。

图 2-32　打开图层界面

在弹出的"类选择"对话框中,"选择对象"选择当前工件的三维实体模型,单击"确定"。在弹出的"图层复制"对话框中,"目标图层或类别"中输入"10"(图层号可自行定义),如图 2-33 所示。

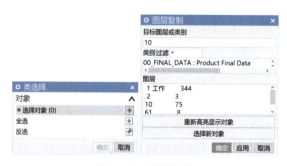

图 2-33　图层复制

在"视图"中,单击"图层设置" 🗐 ,双击"10(工作)",设其为当前工作图层,如图 2-34 所示,同时关闭 1 号图层。

在"建模"模块下，选择"主页"中的"特征"，单击"更多"→"圆柱" 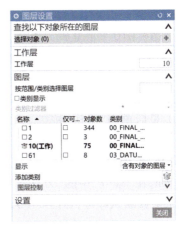，在"圆柱"对话框中，"指定矢量"选择圆柱轴线，"指定点"选择底部圆中心，"直径"和"高度"分别输入 85 mm 和 10 mm，"布尔"选择"合并"。相同方法，在另一侧增加圆盘特征，合并后的模型，如图 2-35 所示，完成辅助体的创建。

图 2-34　设置工作图
层为当前图层界面

2. 创建程序组

在主菜单栏中选择"应用模块"→"加工"选项 ，或者选择快捷键"Ctrl+Alt+M"，弹出"加工环境"对话框，然后在"CAM 会话配置"选项组中选择"cam_general"选项，在"要创建的 CAM 组装"选项组中选择"mill mulit_axis"选项，单击"确定"按钮，按图 2-36 所示。

图 2-35　辅助体的创建

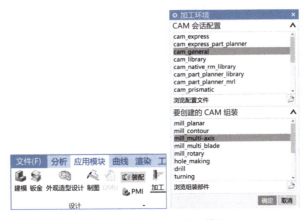

图 2-36　进入加工编程模块

在"程序顺序视图" 中，单击右侧"工序导航器" ，在"名称"栏单击"NC_PROGRAM"程序，右击选择"插入"中的"程序组"，在弹出的"创建程序"对话框中，修改程序名称为"定向一次开粗"，其他为默认，单击"应用"和"确定"，完成程序组的创建。

使用相同方法创建"定向二次开粗""半精加工""精加工""钻铰孔""倒角"等程序组，如图 2-37 所示。

3. 创建刀具

（1）D10 平底立铣刀创建 选择"主页"→"创建刀具"选项，弹出"创建刀具"对话框。在对话框的"刀具子类型"选项组中选择图标，接着在"名称"文本框中输入刀具名称为D10，最后单击"确认"按钮。

（2）D10 刀具参数设置 系统自动弹出"铣刀–5 参数"对话框，设置刀具"直径"为

图2-37 程序组的创建

10 mm，在"编号"中的"刀具号""补偿寄存器""刀具补偿寄存器"三个文本框中全输入"1"，其余参数默认即可，如图2-38所示。

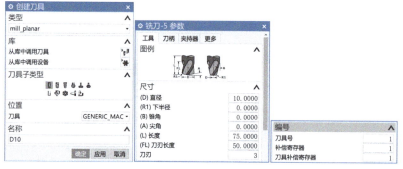

图2-38 D10 刀具创建与参数设置

（3）其他刀具创建 重复步骤（1）和（2），其中球头刀刀具子类型选择图标，麻花钻类型选择"hole-making"，子类型选择图标，其他刀具选择与 D10 一致；在跳出的刀具参数栏中，输入相对应的参数，其中倒角刀的尖角参数设为 45，刀具号和寄存器按实际加工的刀具号输入，如图2-39所示。

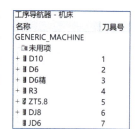

图2-39 创建完成后的刀具

4. 创建加工坐标系和安全平面

（1）进入几何视图 首先设置图层 1 为当前图层，并隐藏图层10，从而花型工件几何为当前显示几何。进入加工模块后，单击"工序导航器"菜单栏中"几何视图"。

（2）创建加工坐标系 双击节点 MCS_MILL，弹出"MCS 铣削"对话框。选择零件顶部圆心为加工坐标系原点，圆柱轴心方向为矢量"ZM"；在"安全设置"的"安全设置选项"下拉列表中选择"圆柱"，"指定点"选择圆心，"指定矢量"选择圆柱轴线，"半径"设置为"60.000 0"，如图2-40所示。

（3）创建包容体 在"主页"→"几何体"栏中选择"包容体"，鼠标框选模型，完成"包容体"的创建，如图2-41所示。

（4）创建加工工件

● WORKPIECE 几何体 W1 的创建

首先设置图层 10 为当前图层，并隐藏图层 1，创建的辅助体几何为当前显示几何。在"工序导航器–几何视图"下，单击 MCS_MILL 左侧按钮＋ 展开子选项，将"WORKPIECE"右击重命名为"W1"。

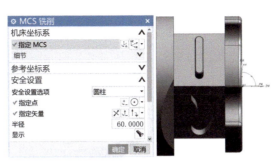

图 2-40 "MCS 铣削"机床坐标系的设置

图 2-41 包容体的创建

接着,双击节点 W1,弹出"工件"对话框,单击"指定部件"按钮,弹出"部件几何体"对话框,选择创建的辅助体部件几何体,如图 2-42 所示。

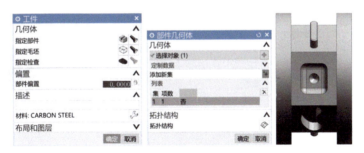

图 2-42 工件 W1 的创建

单击"工件"对话框中的"指定毛坯",弹出"毛坯几何体"对话框。在下拉列表中选择"几何体",单击选择刚刚建好的"包容体"几何,单击"确定",完成几何体创建,如图 2-43 所示。

● WORKPIECE 几何体 W2 的创建

右击复制节点 W1,并在 MCS_MILL 节点下内部粘贴,重命名为"W2",如图 2-44 所示。

双击节点 W2,在"工件"对话框中单击"指定部件"按钮,弹出"部件几何体"对话框,切换至图层 1,选择花型零件为部件几何体,如图 2-45 所示。

图 2-43 指定 W1 几何体的毛坯

5. 设置加工方法

（1）在"工序导航器"→"加工方法" 视图中，双击"MILL_ROUGH"选项，弹出"铣削粗加工"对话框，"部件余量"设置为 0.300 0，"内公差"和"外公差"设置为 0.030 0；

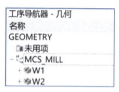

图 2-44 几何视图下的工件 W1 和 W2 的创建

（2）双击"MILL_SEMI_FINISH"选项，弹出"铣削半精加工"对话框，"部件余量"设置为 0.100 0，"内公差"和"外公差"设置为 0.010 0。

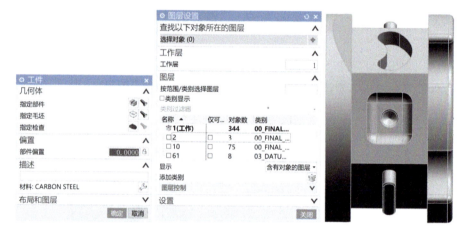

图 2-45 工件 W2 的创建

（3）双击"MILL_FINISH"选项，弹出"铣削精加工"对话框，"部件余量"为默认值 0.000 0，"内公差"和"外公差"设为 0.003 0，如图 2-46 所示。

图 2-46 加工方法的设置

提示：

数控编程预设置：花型零件加工模块下的数控编程预设置包括创建程序组、创建加工用刀具、构建加工工件–坐标系–毛坯设置、创建加工方法等，是按照零件加工工艺建立的编程框架，有利于对编程思路的整体把握，创建加工方法见表2–5。

表2–5　数控编程预设置

预设置组图标	对应项示意图	备注
创建程序组 （程序顺序视图）	工序导航器 - 程序顺序 名称 NC_PROGRAM 　未用项 －花型零件加工程序 　＋定向一次开粗 　＋定向二次开粗 　＋半精加工 　＋精加工 　＋钻铰孔 　＋倒角	构建程序组,有利于程序编制的条理性
创建加工用刀具 （机床视图）	工序导航器 - 机床 名称 GENERIC_MACHINE 　未用项 　＋D10 　＋D6 　＋D6精 　＋R3 　＋ZT5.8 　＋DJ8 　JD6	建立刀具库,便于程序编写时调用相关刀具
构建加工工件–坐标系–毛坯设置 （几何视图）	工序导航器 - 几何 名称 GEOMETRY 　未用项 －MCS_MILL 　＋W1 　＋W2	定义零件装夹的加工坐标系位置； 定义加工零件和毛坯
创建加工方法 （加工方法视图）	工序导航器 - 加工方法 名称 METHOD 　未用项 　MILL_ROUGH 　＋MILL_SEMI_FINISH 　＋MILL_FINISH 　＋DRILL_METHOD	定义零件加工余量和精度设置

内公差与外公差："内公差"和"外公差"用于定义刀具可以用来偏离"部件"曲面的允许范围。值越小,切削就会越准确,刀路数也就越多,如图2–47和图2–48所示。使用"内公差"可指定刀具穿透曲面的最大量,使用"外公差"可指定刀具避免接触曲面的最大量。当选择这一加工方法时,可以继承上一工序中的余量和公差设置,但这一选项不是必须选项,也可以在单一工序中自行设定。

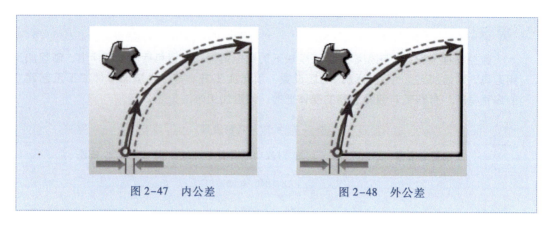

图 2-47　内公差　　　　　　　图 2-48　外公差

2.4.2　铣削粗加工程序编制

首先创建"型腔铣"工序,使用 D10 铣刀一次开粗铣削中部大部分开放区域,接着使用 D6 铣刀二次开粗腰形槽和圆角矩形槽。

1. 🏃中部六面体定向一次开粗(型腔铣)

(1)创建加工程序　型腔铣　单击"创建工序"选项🐾,弹出"创建工序"对话框。在"类型"下拉列表中选择"mill_contour","工序子类型"选择其中"型腔铣"🐾,"程序"选择"定向一次开粗","刀具"选择"D10","几何体"选择"W1",其他参数为默认,如图 2-49 所示。

中部特征
一次开粗

(2)"型腔铣"程序设置

● 设置几何体。几何体为默认设置。

● 设置刀轴。"刀轴"选择"指定矢量"→"面/平面法向"🔧,如图 2-50 所示。

● 刀轨设置-基本设置。"切削模式"选择"🔲跟随周边","步距"选择"% 刀具平直","平面直径百分比"选择"60.000 0","公共每刀切削深度"选择"恒定",最大距离为"1.000 0 mm",如图 2-51 所示。

● 刀轨设置-切削层设置。单击"切削层"📑,在"范围定义"中选择如图 2-52 所示的凸台上表面为加工面,单击"添加新集"选择图示"底平面"为新集。选择 2 个切削层可以使凸台上表面第一层开粗时的余量均匀。其他参数默认设置。

图 2-49　插入型腔铣工序

图 2-50　设置刀轴

图 2-51　基本设置

● 刀轨设置-切削参数设置。单击"刀轨设置"栏内的"切削参数"📇,进入"切削参数"对话框,如图 2-53 所示。

图 2-52　切削层设置

图 2-53　切削参数设置

"策略"栏内"切削顺序"设为"深度优先",可减少非切削移动刀路,"在边上延伸"选择"1.000 0 mm",并勾选"在延展毛坯下切削";"空间范围"选择"毛坯"中的"过程工件",选择"使用 3D";"余量"栏内"部件侧面余量"设置为"0.300 0",勾选"使底面余量与侧面余量一致";"拐角"栏内"光顺"设为"所有刀路",半径设为"10.000 0%"。其他参数为默认设置。

- 刀轨设置-非切削移动设置。单击"刀轨设置"栏内的"非切削移动"⊟,进入"非切削移动"对话框,如图 2-54 所示。

"进刀"栏内"封闭区域"内"进刀类型"设置为"沿形状斜进刀","斜坡角度"设置为"2.000 0","高度"设置为"1.000 0"。"开放区域"内"进刀类型"为"圆弧","半径"为"1.000 0 mm","高度"为"1.000 0 mm","最小安全距离"为"10.000 0% 刀具直径"。在"转移/快速"栏的"区域内","转移类型"选择"前一平面",可减少刀具抬刀距离,其他参数默认即可。

- 刀轨设置-进给率与速度。单击"刀轨设置"栏内的"进给率和速度"⊞,进入"进给率和速度"对话框,在"主轴速度"栏和"进给率"栏内分别设置 5 500 r/min 和 2 000 mm/min,并单击"计算"⊞,其他参数默认设置。

- 生成刀路轨迹。在"操作"栏内,单击"生成"⊩,生成的型腔铣刀路如图 2-55所示。

图 2-54　非切削移动设置

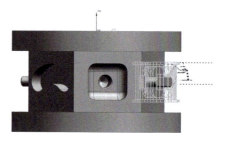

图 2-55　生成的型腔铣刀路

> **提示：**
>
> 　　部件几何体的选择与修改：在加工编程中，按照工艺卡片加工工件不同部位时，为避免生成的刀路产生不必要的空刀和跳刀，可以修改几何体模型，作为不同子工序中的部件几何体。本例中，在加工花型零件中间特征时，工件两侧的花型和斜面被直径为 85 mm 的圆盘替换，修改几何后，生成的刀路较为光顺，跳刀较少。

2.　中部其他特征定向一次开粗（型腔铣）

　　中部六面体特征中，其他中部特征开粗与中部方形凸台设置相似，均可采用"型腔铣"这一方法来实现特征的定向开粗加工。需要更改"刀轴""切削层"中的"选择对象"对应的加工底面，其设置和创建的刀路，见表 2-6。

3.　花型圆盘定向开粗（型腔铣）

　　花型圆盘特征采用型腔铣工序、D10 立铣刀进行开粗，修改几何体为 W2，操作步骤如下：

花型圆盘
定向开粗

表 2-6　其他中部特征的定向开粗设置

刀轴矢量（平面法向）	切削层设置	加工刀路

续表

刀轴矢量（平面法向）	切削层设置	加工刀路
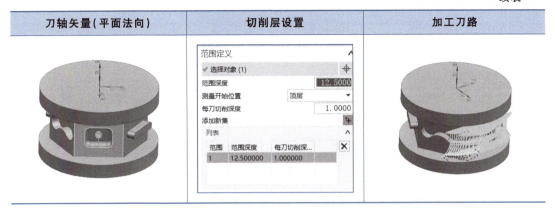	范围定义 ✓ 选择对象 (1) 范围深度　12.5000 测量开始位置　顶层 每刀切削深度　1.0000 添加新集 列表 范围　范围深度　每刀切削深... 1　12.500000　1.000000	

    （1）创建加工程序：型腔铣　复制任一"型腔铣一次开粗"工序，修改相关参数设置，相同设置不再叙述。

    （2）"型腔铣"程序设置

    ● 设置几何体。单击"几何体"栏，选择"W2"为加工工件，在"指定修剪边界"中选择直径 18 的中心孔的边线，"修剪侧"选择"内侧"，从而避免加工到中心孔特征，设置如图 2-56 所示。

    ● 设置刀轴。"刀轴"选择"指定矢量"，选择"面/平面法向" ，如图 2-57 所示。

图 2-56　几何体的修剪边界设置　　　　　　图 2-57　设置刀轴

    ● 刀轨设置-切削层设置。由于选定了"切削区域"，切削层深度自动计算为"10.000 0"，其他参数默认设置，如图 2-58 所示。

    ● 刀轨设置-非切削移动设置。单击"刀轨设置"栏内的"非切削移动" ，进入到"非切削移动"对话框，如图 2-59 所示。在"转移/快速"栏的"安全设置选项"选择"平面""指定平面"，其他参数默认设置，如图 2-59 所示。

    ● 生成刀路轨迹。在"操作"栏内，单击"生成" ，生成刀路轨迹，如图 2-60 所示。

    4. 圆盘斜面特征定向开粗（深度轮廓铣）

    （1）创建加工程序：深度轮廓铣　单击"创建工序" ，弹出"创建工序"对话框。在"类型"下拉列表中选择"mill_contour"，"工序子类型"选择"深度轮廓铣" ，"程序"选择"定向一次开粗"，"刀具"选择"D10"，"几何体"选择"W2"，其他参数默认设置，如图 2-61 所示。

圆盘斜面
定向开粗

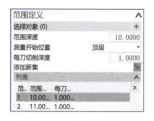

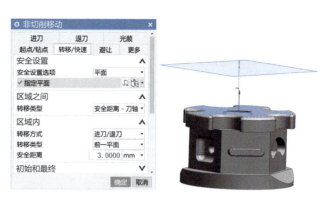

图 2-58　切削层设置　　　　　　图 2-59　非切削移动设置

图 2-60　生成的花型型腔铣刀路　　　图 2-61　插入深度轮廓铣工序

（2）"深度轮廓铣"的程序设置

● 设置几何体。"指定切削区域"选择如图 2-62 所示斜面。

● 设置刀轴。"刀轴"选择"指定矢量"，选择"面/平面法向" ，如图 2-63 所示。

图 2-62　指定切削区域　　　　　　图 2-63　设置刀轴

● 刀轨设置-基本设置。"公共每刀切削深度"选择"恒定"，"最大距离"设置为"0.500 mm"，如图 2-64 所示。

● 刀轨设置-切削层设置。单击"切削层" ，进入"切削层"对话框，由于几何体中设定了切削区域，切削层深度自动计算得到，如图 2-65 所示。

● 刀轨设置-切削参数设置。单击"切削参数" ，进入"切削参数"对话框，如图 2-66 所示。"策略"栏内"切削方向"

图 2-64　指定刀轨基本设置

设为"混合"，勾选"在边上延伸"，距离为"1.000 0 mm"；"余量"栏内"部件侧面余量"设置为"0.300 0",勾选"使底面余量与侧面余量一致""连接"栏内"层到层"选择"直接对部件进刀"。

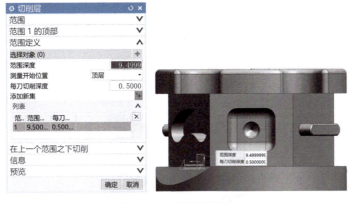

图 2-65 切削层设置

图 2-66 切削参数设置

• 刀轨设置-非切削移动设置。单击"非切削移动"，进入"非切削移动"对话框。"封闭区域"内"进刀类型"设置为"与开放区域相同"。"开放区域"内"进刀类型"设置为"圆弧"，"半径"设置为"10.000 0%（刀具直径）"，"高度"设置为"1.000 0 mm"，"最小安全距离"设置为"10.000 0%（刀具直径）"。使用圆弧进退刀，可有效减少进退刀痕的产生。在"转移/快速"栏的"区域内"，"转移类型"选择"前一平面"，可减少刀具抬刀距离。其他参数默认设置，如图 2-67 所示。

图 2-67 非切削移动设置

● 刀轨设置-进给率与速度。主轴转速设为 5 500 r/min,进给率为 2 000 mm/min,单击"计算" ，其他参数默认设置。

● 生成刀路轨迹。在"操作"栏内,单击"生成" ，生成刀路轨迹。

复制程序,更改切削区域,或使用"变换刀路"命令,创建出另一斜面的刀路。深度轮廓斜面开粗加工刀路创建完成,其刀路如图 2-68 所示。

图 2-68　深度轮廓铣斜面开粗刀路

提示：

深度轮廓铣加工也称为等高铣加工,用于移除垂直于固定刀轴的平面层中的材料,适用于加工零件的陡峭区域。依据部件几何体的形状计算刀路,对于开放区域,可以采用混合方式切削,形成往复的刀轨;对于封闭轮廓,该方法可以形成螺旋式的刀轨。

● 仿真验证刀路。选中已经创建的定向一次开粗工序,然后右击选择"刀轨"子选项中的"确认刀轨" ，进行加工仿真。在"刀轨可视化"对话框中,选择"3D 动态"并单击"播放" ，进行加工刀路模拟仿真,定向一次开粗仿真结果如图 2-69 所示。在对话框中,选择"分析"选项可以对毛坯剩余材料进行分析。

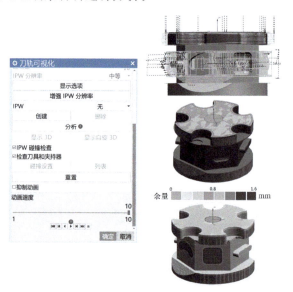

图 2-69　定向一次开粗仿真结果

5. ⚡腰形槽定向二次开粗（带边界面铣）

上一道工序使用 D10 立铣刀进行定向一次开粗，留有腰形槽、圆角矩形槽区域未进行开粗。采用 D6 立铣刀对这些区域进行二次粗加工。

腰形槽开粗

（1）创建加工程序：带边界面铣　单击"创建工序"⚡，弹出"创建工序"对话框。在"类型"下拉列表中选择"mill_planar"，"工序子类型"选择"带边界面铣"🛠️，"程序"选择"定向二次开粗"，"刀具"选择"D6"，"几何体"选择"W1"，其他参数默认设置，如图2-70所示。

（2）"带边界面铣"的程序设置

• 设置几何体。"指定面边界"选择如图2-71所示的腰形槽底面，得到闭合曲线边界区域。

• 设置刀轴。"刀轴"选择"垂直于第一个面"。

• 刀轨设置-基本设置。"切削模式"选择"🔲跟随周边"，"毛坯距离"设置为"6.000 0"，即腰形槽深度，"每刀切削深度"设置为"0.000 0"，即底层为切削表面。其他参数默认设置，如图2-72所示。

• 刀轨设置-切削参数设置。单击"切削参数"🔲，进入"切削参数"对话框，如图2-73所示。

"余量"栏内"部件余量"和"最终底面余量"设置为"0.300 0 mm"。

图2-70　插入带边界面铣工序

图2-71　腰形槽面边界设置

图2-72　基本设置

图2-73　切削参数设置

• 刀轨设置-非切削移动设置。单击"非切削移动"🔲，进入"非切削移动"对话框。"封闭区域"内"进刀类型"设置为"沿形状斜进刀"。"最小斜坡长度"设置为"70%（刀具直径）"，"斜坡角度"设置为"0.800"，"高度"设置为"1.000 0 mm"。以进刀的方式进行切削加工，效率较高，其他参数默认即可，设置如图2-74所示。

41

● 刀轨设置-进给率与速度。主轴转速设为 6 500 r/min,进给率为 1 500 mm/min,单击"计算" ▣,其他参数默认设置。

● 生成刀路轨迹。在"操作"栏内,单击"生成" ▣,生成刀路轨迹。

复制程序并更改切削区域,或使用"变换刀路"命令,创建出另一腰形槽的刀路。腰形槽定向二次开粗加工刀路创建完成,其刀路如图 2-75 所示。

图 2-74　非切削移动设置

图 2-75　腰形槽二次开粗加工刀路

提示：

　　带边界面铣：通过定义面边界来确定切削区域,在定义边界时可以通过面,或者面上的曲线以及一系列的点来得到一个封闭的边界几何体,边界内部的材料为要加工的区域,面边界所形成的平面法向与刀轴应该平行。 当通过面来创建边界时,默认情况下所选面边界的相关联体将自动用作部件几何体,用于确定每层的切削区域。

　　以"下刀"方式螺旋切削：利用带边界面铣的工序特点,在封闭区域内"进刀类型"设置为"沿形状斜进刀",这一方法以进刀的方式进行切削加工,效率较高,对于类似的几何封闭小结构可以采用这一加工方法。

6. ✂ 圆角矩形槽定向二次开粗(带边界面铣)

圆角矩形槽这一特征的开粗可以采用"型腔铣"或"带边界面铣"等方法进行加工。

圆角矩形槽
开粗

(1)创建加工程序：带边界面铣　复制"腰形槽定向二次开粗加工"工序,需修改相关参数设置,相同设置不再赘述。

(2)"带边界面铣"的程序修改设置

● 设置几何体。如图 2-76 所示,在弹出的"毛坯边界"对话框中"选择方法"选择"曲线","刀具侧"选择"内侧","平面"指定矩形槽底平面,单击"确定"。

● 设置刀轴。"刀轴"选择"指定矢量",选择"面/平面法向",如图 2-77 所示。

● 刀轨设置-基本设置。"切削模式"选择"▤跟随周边","毛坯距离"设置为"6.000 0",为矩形槽深度,"每刀切削深度"设置为"0.500 0",其他参数默认设置,如图 2-78 所示。

● 刀轨设置-切削参数设置。单击"切削参数" ▤,弹出"切削参数"对话框,如图 2-79所示。

图 2-76 圆角矩形槽面边界设置

图 2-77 设置刀轴

图 2-78 刀轨基本设置

"拐角"栏内,在"拐角处的刀轨形状"选项卡中"光顺"设置为"所有刀路",半径设置为"10.000 0% 刀具直径"。其他参数默认设置。

图 2-79 切削参数设置

● 刀轨设置-非切削移动设置。单击"非切削移动" ,进入"非切削移动"对话框。"进刀栏"内"封闭区域"的"进刀类型"设置为"沿形状斜进刀","半径"设置为"10.000 0%(刀具直径)","斜坡角度"设置为"3.000 0","高度"设置为"1.000 0 mm"。"转移/快速"栏内"区域内"的"转移类型"设置为"前一平面",可减少刀具抬刀距离。其他参数默认设置,如图2-80所示。

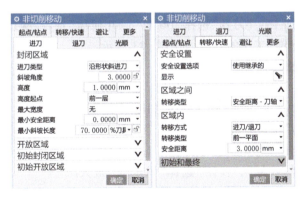

图 2-80 非切削移动设置

● 生成刀路轨迹。在"操作"栏内,单击"生成" ,生成刀路轨迹。

复制程序,更改切削区域或使用"变换刀路"命令,创建出另一圆角矩形槽的刀路。圆角矩形槽定向二次开粗加工刀路创建完成,其刀路如图2-81所示。

● 仿真验证刀路。选中已经创建的定向二次开粗工序,然后右击选择"刀轨"子选项中的"确认刀轨" ,进行加工仿真。在"刀轨可视化"对话框中,选择"3D 动态"并单击"播放"▶▶",进行加工刀路模拟仿真,定向二次开粗仿真结果,如图 2-82 所示。

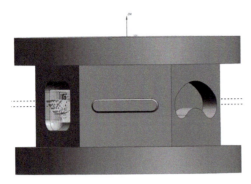
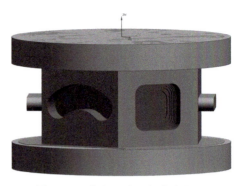

图 2-81　圆角矩形槽二次开粗加工刀路　　　　图 2-82　定向二次开粗仿真结果

2.4.3　铣削半精加工与精加工程序编制

首先使用 D6 立铣刀完成六面特征中的腰形槽与圆角矩形槽上平面、腰形槽内侧壁与底面和 U 形键及底平面的加工;接着通过 R3 球头刀对圆角矩形槽侧壁及其底部平面、花型圆盘圆角曲面等进行加工。案例采用同一把刀具完成某一特征的半精与精加工,可在软件程序中分两步设置其余量,也可以直接用精加工程序在机床数控系统中设置刀具补偿值(刀具磨损),预留半精加工余量。为统一表述,书中案例均采用在软件中给定余量的方法,在零件实际加工时,读者可根据实际情况灵活选用。

受机床误差、刀具径向跳动与让刀、工件加工热变形、对刀误差、工件装夹误差等情况的综合影响,实际加工出的尺寸值不一定在理论值范围内。在半精加工后,通过对工件测量获取实际加工尺寸值后可补偿误差,从而可最大限度地保证精度。

腰形槽与圆角矩形槽上平面精加工

1. ⚒ 腰形槽与圆角矩形槽上平面精加工(底壁铣)

(1)创建加工程序:底壁铣　单击"创建工序"⚒,弹出"创建工序"对话框。在"类型"下拉列表中选择"mill_planar","工序子类型"选择"底壁铣"⊞,"程序"选择"半精加工","刀具"选择"D6 精","几何体"选择"W1",然后单击"确定"完成"底壁铣"工序的创建,如图 2-83 所示。

(2)"底壁铣"的程序设置

• 设置几何体–指定切削区底面与壁几何体。单击"指定切削区底面"⬣,选择要定义为切削区域的面,如图 2-84 所示。

• 设置刀轴。"轴"设置为"垂直于第一个面"。

• 刀轨设置–基本设置。"方法"选择"MILL_SEMI_FIN-ISH","切削模式"选择"往复","步距"选择"恒定","最大距离"设置为"70.000 0% 刀具直径",其他参数默认设置,如图 2-85 所示。

• 刀轨设置–切削参数设置。单击"刀轨设置"栏内的"切削参数"⬚,进入"切削参数"对话框,如图 2-86 所示。"策略"栏内"精加工刀路"勾选"添加精加工刀路"。"余量"栏内"部件余量"和"最终底面余量"设置为 0.10 mm。"拐角"栏内"光顺"设置为"所有刀路(最后一个除外)","半径"设置为"10.000 0% 刀具直径"。

图 2-83　创建底壁铣工序

图 2-84　指定切削区底面

● 刀轨设置–非切削移动设置。单击"刀轨设置"栏内的"非切削移动" ，进入"非切削移动"对话框，如图 2-87 所示。

在"进刀"栏"封闭区域"栏内"进刀类型"设置为"沿形状斜进刀"，"斜坡角度"设置为"5.000 0"，"高度"设置为"1.000 0 mm"，"最小安全距离"设置为"10.000 0% 刀具直径"。"开放区域"的"进刀类型"设置为"圆弧"，"半径"设置为"10.000 0% 刀具直径"，"高度"设置为"1.000 0 mm"，是下刀点到最高

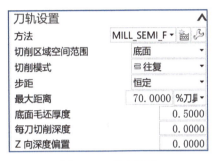

图 2-85　基本设置

加工平面的距离。在"转移/快速"栏内"区域内"的"转移类型"设置为"前一平面"，其他参数默认设置。

图 2-86　切削参数设置

图 2-87　非切削移动设置

● 刀轨设置–进给率与速度设置。单击"刀轨设置"栏内的"进给率和速度" ，进入"进给率和速度"对话框，"主轴速度"栏和"进给率"栏分别设置为 8 000 r/min 和

1 000 mm/min，并单击"计算" ⬜ ，其他参数默认设置。

● 生成刀路轨迹。在"操作"栏内，单击"生成" ⬜ ，生成的半精加工刀路如图 2-88 所示。

（3）精加工工序创建　复制上述工序，并内部粘贴到"精加工"程序组中。

修改"刀轨"栏中的"方法"为"MILL_FINISHI"，"切削参数"中的部件余量和底面余量设置为 0。完成精加工工序的创建。

（4）另一侧腰形槽平面和两个圆角矩形槽上平面的工序创建。

复制上述工序，依次粘贴到对应加工组中，修改"几何体"的"指定切削区底面"，其他参数保持不变，生成的精加工刀路，如图 2-89 所示。

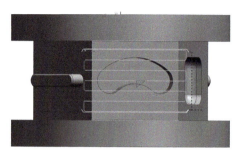

图 2-88　腰形槽上平面半精加工刀路

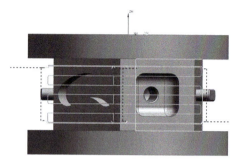

图 2-89　生成的精加工刀路

✐ 提示：

　　切削模式：切削模式指生成刀具路径的走刀轨迹方式，在平面铣中有跟随部件、跟随周边、往复、单向、摆线、标准驱动、单向轮廓、配置文件等，部分切削模式见表 2-7。

　　（1）跟随部件　刀具路径由工件的部件边界同时进行等距偏置产生，当各个路径产生交叉时将多余部分去除，在加工外轮廓和岛屿时保持一致的顺铣或逆铣，加工效率高。

　　（2）跟随周边　刀具路径由工件的最外边轮廓进行等距偏置产生，碰到内部的岛屿时与岛屿边界一起形成边界，生成刀具轨迹路径。

　　（3）往复　刀具路径是首尾相连的平行往复路线，与单向走刀相比减少了刀具抬刀的次数，但切削过程中切削方向交替变换（顺铣、逆铣交替进行），其他情况与单向走刀相同，走刀效率比单向走刀高。

　　（4）单向　切削模式始终以一个方向切削。刀具在每个切削结束处退刀，然后移到下一切削刀路的起始位置，保持顺铣或逆铣。

　　（5）摆线　刀具路径在产生满刀切削的部位增加圆弧形式的路径，使切削量比较均匀、保持刀具进给率的稳定，适用于高速切削的情况，注意向外和向内切削方向之间有着明显区别。

　　（6）标准驱动　沿指定边界创建轮廓铣切削，而不进行自动边界修剪或过切检查。可以在自相交选项中设置指定刀轨是否允许自相交。此切削模式仅在平面铣中可用，可以用于雕刻、刻字等轨迹容易产生交叉的操作。

　　（7）单向轮廓　切削模式是以一个方向进行切削加工。沿线性刀路的前后边界添加轮廓加工移动。在刀路结束的地方，刀具退刀并在下一切削的轮廓加工移动开始的地方重新进刀。保持顺铣或逆铣。

（8）配置文件 沿切削区域轮廓创建一条或多条等距的切削路径，刀具沿着轮廓进行偏置，遇到产生过切的部位时可进行干涉检查，自动避免过切，可用于平面轮廓侧壁的精加工。

表 2-7 部分切削模式

跟随部件	跟随周边	往复

单向	摆线	标准驱动

2. ⚙腰形槽内侧壁与底面精加工（底壁铣）

根据零件图样可知，腰形槽内侧壁尺寸为自由公差，深度尺寸 $6_{\ 0}^{+0.012}$ 通过余量控制或刀补实现尺寸精度。

（1）创建加工程序：底壁铣 复制"腰形槽上平面精加工"工序，内部粘贴到"半精加工"程序组中，需要修改相关设置。

腰形槽内侧壁与底面精加工

（2）"底壁铣"的程序设置

● 设置几何体–指定切削区底面与壁几何体。单击"指定切削区底面" ，选择要定义为切削区域的面，如图 2-90 所示。

图 2-90 指定切削区底面与壁几何体

● 刀轨设置–基本设置。"方法"选择"MILL_FINISH"，"切削模式"选择" 跟随周边"，"步距"选择"恒定"，"最大距离"设置为"70.000 0% 刀具直径"，其他参数默认设置，如图

2–91 所示。

图 2-91　基本设置

● 刀轨设置-切削参数设置。单击"刀轨设置"栏内的"切削参数" ![icon]，进入"切削参数"对话框，如图 2-92 所示。

"策略"栏内"刀路方向"设置为"向外"，"精加工刀路"勾选"添加精加工刀路"。

"余量"栏内"部件余量"设置为 0，"最终底面余量"设置为 0.1。

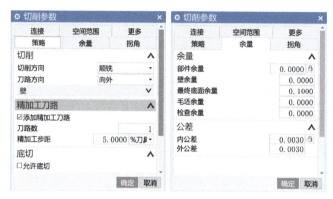

图 2-92　切削参数

● 刀轨设置-非切削移动设置。参数设置保持不变。
● 刀轨设置-进给率与速度设置。参数设置保持不变。

复制上述工序，粘贴到精加工程序组中，切削参数"余量"栏根据图样给定的几何公差进行设置，"最终底面余量"设置为 –0.006，由于加工底平面有较高的粗糙度要求，进给率设为 600 mm/min。在"操作"栏内，单击"生成" ![icon]，生成刀路轨迹。另一侧腰形槽刀路创建方法相同，生成的精加工刀路如图 2-93 所示。

图 2-93　生成的精加工刀路

✏️ **提示：**

尺寸精度补偿方法：为实现零件尺寸精度要求，半精加工后的尺寸精度补偿非常必要，通过实际尺寸测量值与理论值比较，计算得到所需要的补偿值。可以通过两种方法补偿，分别是在加工编程软件上修改余量设置和在机床数控系统中更改刀具半径或长度补偿值。 对于有较多的尺寸需要修正或修正数值不统一时,在编程软件中统一修改余量值较为方便,对于初学者也较为容易理解;也可采用修改机床数控系统上的刀具补偿值的方法进行补偿,特别是当机床操作人员无法修改软件编制的加工程序时,比如当机床操作人员没有编程文件、只有 NC 加工代码时使用该方法。 采用刀具补偿方法时,需要打开 NX 软件程序的"非切削移动"栏中的刀具补偿功能,同时 NC 后处理程序应支持刀具补偿功能。

举例:腰型槽深度尺寸为 $6^{+0.012}_{0}$,精度等级为 IT7 级,加工难度较高。 在半精加工结束后,通过深度千分尺测量其深度尺寸为 5.890,理论值为 5.900(半精加工余量为 0.1),计算得到补偿值为 0.01。 可在精加工程序中,将底面余量修改为 -0.016,进行精加工;也可以修改数控系统中的刀具长度补偿值(刀具长度磨损),再调用带有刀具补偿功能的精加工程序加工。

3. ⚒ U 形键及底平面精加工(底壁铣)

根据零件图样可知,U 形键厚度尺寸为 5±0.03 和高度尺寸 $6^{+0.05}_{0}$,同时 U 形键上下平面高度为 30±0.05。通过底壁铣加工上述特征,U 形键上表面与对应六面体底平面由于尺寸公差不同,需要分两道工序进行程序编制。

(1)创建加工程序:底壁铣 复制"腰形槽上平面半精加工"工序,修改相关参数设置。

(2)"底壁铣"的程序修改设置

• 设置几何体-指定切削区底面与壁几何体。单击"指定切削区底面" ⏣ ,选择要定义为切削区域的面,选择"指定壁几何体" ⏣ ,指定 U 形键的侧壁为要加工的侧壁,如图 2-94 所示。

图 2-94 指定切削区底面与壁几何体

• 刀轨设置-基本设置。"方法"选择"MILL_SEMI_FINISH","切削模式"选择"往复","步距"选择"恒定","最大距离"选择"70.000 0% 刀具直径",其他参数默认设置。

• 刀轨设置-切削参数设置。单击"刀轨设置"栏内的"切削参数" 🔳 ,进入"切削参数"对话框,如图 2-95 所示。

"策略"栏内"精加工刀路"勾选"添加精加工刀路"。

"余量"栏内"部件余量"和"最终底面余量"需要根据图样给定的几何公差进行设置,其中"部件余量"控制圆盘侧壁间距、"壁余量"控制 U 形键的厚度、"最终底面余量"控制六面体底面余量。"部件余量"设置为"0.100 0","壁余量"设置为"0.100 0","最终底面余量"设置为"0"。

"拐角"栏内"光顺"设置为"所有刀路(最后一个除外)",半径设置为"10.000 0% 刀具直径";

• 刀轨设置-非切削移动设置。单击"刀轨设置"栏内的"非切削移动" 🔳 ,进入"非切削移动"对话框,参数设置如图 2-96 所示。

图 2-95　切削参数

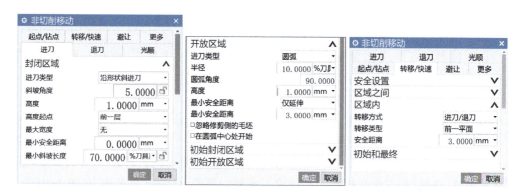

图 2-96　非切削移动设置

● 生成刀路轨迹。在"操作"栏内,单击"生成" 🖛 ,生成刀路轨迹。

（3）复制上述半精加工工序,用于 U 形键上表面的半精加工。修改以下设置,"几何体"栏中,"指定切削区底面"选择 U 形键上平面,删除壁几何体。切削参数中"余量"栏内的"最终底面余量"设置为"0.100 0",其他均设置为 0。

（4）复制上述两个半精加工工序,内部粘贴到精加工程序组。修改（1）创建的半精加工工序中的余量均为 0;修改（3）创建的半精加工工序,将"最终底面余量"改为"0.025"。

最终创建出的精加工刀路,如图 2-97 所示。

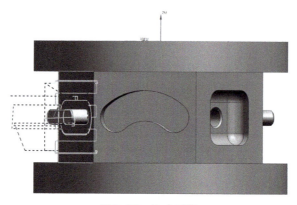

图 2-97　生成刀路

（5）另一侧 U 形键及底面半精加工和精加工工序创建。

复制上述工序,依次粘贴到对应加工组中,修改"几何体"的"指定切削区底面",其他参数保持不变。

提示:

底壁铣:使用范围较为广泛,通过选择加工平面来指定加工区域,必须指定部件。加工时,一般选用立铣刀,可以用于粗加工,也可用于精加工。

部件余量:适用于底壁铣、面铣、平面铣和曲面轮廓铣工序。 部件余量指加工后遗留的材料量。 默认情况下,如果不指定"最终底面余量"或"壁余量"值,则均应用"部件余量"值,如图 2-98 所示。

壁余量:适用于底壁铣和面铣等工序,工件各个壁可应用这一余量,配合使用"壁几何体"可替代全局部件余量。切削平面与壁相交时,可将壁余量应用到切削平面,如图 2-99 所示。

最终底面余量:适用于底壁铣、面铣等工序。 最终底面余量是面平面测量并沿刀轴偏置,可通过负余量值来调整工件成形尺寸大小,如图 2-100 所示。

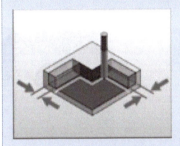　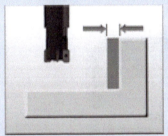　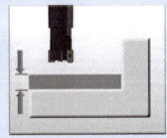

图 2-98　部件余量　　　　图 2-99　壁余量　　　　图 2-100　最终底面余量

粗糙度与几何公差:对于粗糙度要求较高的平面,可以通过提高主轴转速或降低进给速度来实现。 而对于平行度、对称度等几何公差,由于一般机床无法在加工中测量和补偿,因此其精度的实现依赖于零件的装夹精度以及机床自身的加工精度。

---

4. 圆角矩形槽底平面精加工(平面铣)

圆角矩形槽的底平面为矩形,立铣刀 D6 加工时,在平面拐角处会留有 R3 圆角所过路径残料,由于底部平面较小,可以直接采用 R3 球头刀对其进行精加工。

（1）创建加工工序:平面铣　单击"创建工序"▶,弹出"创建工序"对话框。在"类型"下拉列表中选择"mill_planar","工序子类型"选择"平面铣"▦,"程序"选择"精加工","刀具"选择"R3","几何体"选择"W1",如图 2-101 所示。

（2）"平面铣"的程序设置

● 设置几何体—指定部件边界和底面。选择如图2-102 所示底面。

选择如图 2-103 所示的封闭区为边界,"刀具侧"设置为"内侧","刀具位置"设置为"对中"。

● 设置刀轴。"刀轴"设置为"指定矢量",选择"面/平面法向",如图 2-104 所示。

● 刀轨设置-基本设置。"切削模式"选择"▦跟随周边","步距"选择"恒定","最大距离"设置为"0.100 0 mm",如图 2-105 所示。

● 刀轨设置-切削参数设置。余量设置为 0。

● 刀轨设置-非切削移动设置。单击"刀轨设置"栏内的"非切削移动" ，进入"非切削移动"对话框。

参数设置如图 2-106 所示,其他参数默认。

● 刀轨设置-进给率与速度。主轴转速设置为 8 000 r/min 和进给率为 1 000 mm/min,并单击计算按钮 ，其他参数默认设置。

● 生成刀路轨迹。在"操作"栏内,单击"生成" ，生成刀路轨迹。

复制程序,更改切削区域,或使用"变换刀路"命令,创建出另一圆角矩形槽底面精加工刀路,平面铣精加工刀路如图 2-107 所示。

图 2-101　插入平面铣工序

图 2-102　指定部件边界和底面

图 2-103　部件边界设置

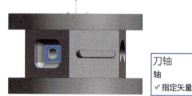
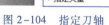

图 2-104　指定刀轴

图 2-105　刀轨设置

图 2-106　非切削移动设置

图 2-107　平面铣精加工刀路

> **提示:**
>
> 　　平面铣:应用较为广泛,是使用边界来创建几何体的平面铣削方式,在粗加工和精加工中都可以应用。平面铣可用多层刀轨逐层切削材料。 可以通过面、边、曲线和点创建边界以包含刀轨,选择底面作为刀轨的最终深度。
>
> 　　圆角矩形槽底平面为矩形,如采用平底立铣刀 D6 进行加工,则会在矩形平面拐角处与刀具圆弧间留有凸台残料,仍需要通过球刀进行清角加工,这样不同刀具加工也易产生接刀痕。 由于矩形槽底平面较小,因而可采用 R3 球刀直接进行精加工。 同时,为满足粗糙度要求,应设置较小的刀路步距,由于深度上的加工尺寸相对稳定且尺寸公差较大,因此直接进行了精加工。

5. 圆角矩形槽侧壁精加工(固定轮廓铣)

圆角矩形槽
侧壁精加工

(1)创建加工程序:固定轮廓铣 单击"创建工序" ,弹出"创建工序"对话框。在"类型"下拉列表中选择"mill_contour",在"工序子类型"选择"固定轮廓铣" ,"程序"选择"半精加工","刀具"选择"R3","几何体"选择"W1","方法"选择"MILL_SEMI_FINISH",单击"确定",如图 2-108 所示。

(2)"固定轮廓铣"的程序设置

● 设置几何体。指定圆角矩形型槽底部圆角曲面,如图 2-109 所示。

图 2-108　创建固定轮廓铣工序

图 2-109　几何体设置

● 设置刀轴。刀轴按指定矢量,选择矩形底平面的法向为刀轴方向。

● 设置驱动方法。"方法"选择"引导曲线",单击"编辑" 进入"引导曲线驱动方法"对话框。驱动几何体栏内的"模式类型"设置为"变形","引导曲线"选择如图 2-110 所示,分别为圆角底部线"引导曲线 2"和上部线"引导曲线 1"。

切削栏:"切削模式"选择"螺旋","切削方向"选择"沿引导线","切削顺序"选择"朝向引导线 1",首先从圆弧曲面底面进刀加工,其他参数如图 2-111 所示。

● 刀轨设置-切削参数设置。部件余量设置为 0.1,其他设置为默认。

● 刀轨设置-非切削移动设置。单击"刀轨设置"栏内的"非切削移动" ,进入"非切削移动"设置栏,在"公共安全设置"栏内"安全设置选项"设置为"使用继承的",其他参数默认即可,如图 2-112 所示。

● 刀轨设置-进给率与速度。主轴转速设置为 8 000 r/min 和进给率为 1 000 mm/min,并单击计算按钮▣,其他参数默认设置。

　　● 生成刀路轨迹。在"操作"栏内,单击"生成"▶,生成的半精加工刀路如图 2-113 所示。

图 2-110　"引导曲线"选择　　　　　　　　图 2-111　引导曲线驱动
方法参数设置

图 2-112　非切削移动设置

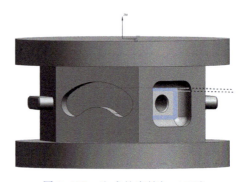

图 2-113　生成的半精加工刀路

　　(3) 精加工工序创建　复制上述工序,并内部粘贴到"精加工"程序组中。

　　修改"刀轨"栏中的"方法"为"MILL_FINISHI","切削参数"中的部件余量设置为 0,完成精加工工序的创建。

　　(4) 另一侧圆角矩形槽侧壁半精加工和精加工工序创建　复制上述工序,依次粘贴到对应加工组中,修改"几何体"和"刀轴"即可,其他参数保持不变。

提示：

　　　　引导曲线驱动方法：引导曲线驱动方法是由一条或多条曲线(导向)驱动的曲面铣削操作,切削模式由用户控制,它可以根据形状来生成刀路,使用球头刀或球面铣刀在切削区域上直接创建刀路而不需要投影。可用于包含底切的任意数量曲面,刀路能够以恒定量偏离单一引导对象,也可以是多个引导对象之间的变形,刀轴还支持 3D 曲线、夹持器避让和刀轴光顺。由于选择部件作为几何体,曲面作为切削区域,这一方法可以有效避免过切和干涉。需要注意：UG　NX12.0 部分早期版本,需要相关设置或升级版本才能打开这一功能。本工序也可以通过"曲面区域"驱动方法等其他工序方法实现刀路生成。

中部特征加工顺序:六面特征中的腰形槽深度尺寸、圆角矩形槽深度尺寸、U形键高度尺寸均以中部底平面为基准,因此应先完成六面体底平面精加工,再进行上述三个特征的精加工。

6. 花型圆盘圆角曲面定向精加工(固定轮廓铣)

(1)创建加工程序:固定轮廓铣 复制"圆角矩形槽侧壁精加工"工序,工件设置为"W2"。按"Ctrl+L"键进入图层设置,修改图层 1 为工作图层,当前显示为花型零件模型。

花型圆盘
圆角精加工

(2)"固定轮廓铣"的程序设置

• 设置几何体。指定切削区域,选择花型圆盘圆角曲面,如图 2-114 所示。

• 设置刀轴。轴选择"+ZM 轴"。

• 设置驱动方法。"引导曲线"选择如图 2-115 所示,分别为顶部线"引导曲线 1"和圆角底部线"引导曲线 2"。

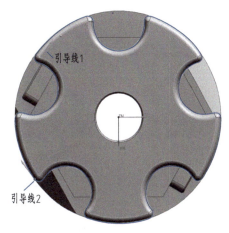

图 2-114 指定花型圆盘圆角曲面　　图 2-115 引导曲线选择

切削栏:"切削模式"选择"螺旋",切削方向为沿引导线,切削顺序"从引导线 1",首先从倒圆角曲面上面进刀加工,其他参数如图 2-116 所示。

图 2-116 引导曲线选择

• 刀轨设置-切削参数设置。余量均设置为 0,其他设置为默认。

● 刀轨设置-非切削移动设置。单击"刀轨设置"栏内的"非切削移动" 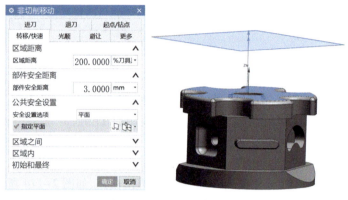，进入到"非切削移动"设置栏,在"转移/快速"栏内的"安全设置选项"选择"平面","指定平面"设为如图 2-117 所示平面,其他参数设置不变。

图 2-117　非切削移动设置

● 刀轨设置-进给率与速度。主轴转速设置为 8 000 r/min 和进给率为 1 000 mm/min,并单击计算按钮 ,其他参数默认设置。

● 生成刀路轨迹。在"操作"栏内,单击"生成" ,生成的精加工刀路如图 2-118 所示。

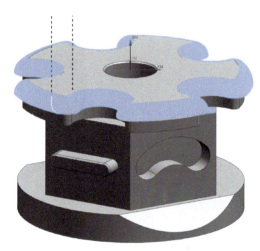

图 2-118　生成的精加工刀路

7. 花型圆盘底面和侧壁定向精加工(平面铣)

(1)创建加工程序:平面铣　复制"圆角矩形槽底部平面精加工"工序,工件设置为"W2",刀具设置为"D10",需要修改相关设置。

(2)"平面铣"的程序设置

● 设置几何体　指定部件边界和底面。选择如图 2-119 所示圆角边界线为边界,刀具侧为左侧。

● 设置刀轴。"刀轴"栏内"轴"设置为"垂直于底面"。

● 刀轨设置-基本设置。"方法"选择"MILL_FINISH","切削模式"选择"轮廓","步

花型圆盘
侧壁精加工

距"选择"% 刀具平直","平面直径百分比"设置为"50.000 0",如图 2-120 所示。

图 2-119 指定部件边界和底面

- 刀轨设置-切削参数设置。余量均设置为 0。
- 刀轨设置-非切削移动设置。单击"非切削移动" ,进
入"非切削移动"对话框。在"开放区域"栏内的"进刀类型"设
置为"圆弧","半径"设置为"1.000 0 mm","高度"设置为

图 2-120 刀轨设置

"1.000 0 mm","最小安全距离"设置为"10.000 0% 刀具半径","转移/快速"栏内的"安全设置选项"设置为"平面",其他参数默认,如图 2-121 所示。

图 2-121 非切削移动设置

- 刀轨设置-进给率与速度。主轴转速设置为 8 000 r/min 和进给率为 1 000 mm/min,并单击计算按钮 ,其他参数默认设置。
- 生成刀路轨迹。在"操作"栏内,单击"生成" ,生成刀路轨迹。

复制程序,更改部件边界,或使用"变换刀路"命令,创建出其他花型圆盘底面和侧壁精加工刀路,平面铣精加工刀路如图 2-122 所示。

8. 圆盘斜面精加工(底壁铣)

(1)创建加工程序:底壁铣 复制"腰形槽上平面精加工"工序,修改相关参数设置,相同设置不再赘述。

圆盘斜面
精加工

(2)"底壁铣"的程序修改设置

- 设置几何体。修改几何体为"W2",单击"指定切削区底面" ,选择要定义为切削区域的面,如图 2-123 所示。
- 刀轨设置-切削参数设置。余量均设置为 0。

复制程序,更改部件边界,或使用"变换刀路"命令,创建出另一面的圆盘斜面精加工刀

路,如图 2-124 所示。

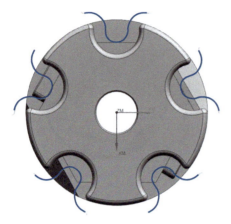

图 2-122 平面铣精加工刀路   图 2-123 指定切削区底面

9. 半精加工与精加工刀路仿真与验证

• 仿真验证刀路。单击选中已经创建的半精加工与精加工工序,然后右击选择"刀轨"子选项中的"确认刀轨" ,进行加工仿真。在"刀轨可视化"对话框中,选择"3D 动态"并单击"播放" ,进行加工刀路模拟仿真,其联动加工仿真结果如图 2-125 所示。

图 2-124 圆盘斜面精加工刀路   图 2-125 半精加工与精加工联动加工仿真结果

2.4.4 钻孔—铰孔—倒角加工程序编制

1. 钻孔

(1)创建加工程序:钻孔 单击"创建工序" ,弹出"创建工序"对话框。在"类型"下拉列表中选择"hole_making","工序子类型"选择"钻孔" ,"程序"选择"钻铰孔","刀具"选择"ZT5.8","几何体"选择"W1",然后单击"确定"完成钻孔工序的创建,如图 2-126 所示。

钻铰孔

(2)"钻孔"的程序设置

• 设置几何体-指定特征几何体。单击"指定几何体" ,进入"特征几何体"对话框。单击"选择",选择要加工的孔特征,然后单击"确定",完成孔的选择,如图 2-127 所示。

● 刀轨设置－基本设置。"循环"选择"钻,深孔",单击"编辑参数" ⚙ ,进入"循环参数"对话框。其中"步进"栏内"深度增量"选择"恒定","最大距离"设置为"4.000 0 mm",钻孔参数设置如图2-128所示。

● 刀轨设置－进给率与速度。单击"刀轨设置"栏内的"进给率和速度" 🔧 ,进入"进给率和速度"对话框,在"主轴速度"栏和"进给率"栏分别设置为 1 500 r/min 和 100 mm/min。

● 生成刀路轨迹。在"操作"栏内,单击"生成" ⚡ ,生成刀路。复制程序,更改对象创建另一面的钻孔刀路,创建完成后的钻孔刀路如图2-129所示。

图 2-126　钻孔工序创建

图 2-127　指定孔特征

图 2-128　钻孔参数设置

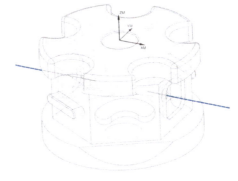

图 2-129　钻孔刀路

提示:

　　案例中的孔加工采用了硬质合金钻头,其横刃较短,具有自定心功能,这类钻头刚性较好,因此加工时不易发生偏移。此外,孔的位置精度要求不高,因此可以直接进行孔加工。当采用高速钢普通麻花钻头加工时,由于钻头横刃定心不准,其刚性也较差,容易造成加工误差,一般需要通过中心钻打定心孔,以提高孔加工的精度。当需要钻定心孔时,程序编制方法如下:选择 hole_making 工序子类型中的"定心钻" 🔽 命令,刀具采用中心钻刀,选择对应孔特征预钻深为 3 mm 左右的定心孔即可。

　　钻孔加工是常用的机械加工方式之一,此工序设置下的步进增量使普通钻孔加工变成啄钻加工,从而便于排屑和冷却,保证加工的平稳性。

2. 🏃 铰孔

钻孔完成后，单边留有 0.1 mm 的余量，需要用铰刀 JD6 对其进一步精加工，以保证精度的要求，操作步骤如下：

（1）复制"钻孔"工序，修改相关参数设置。

（2）"钻孔"的程序修改设置

- 设置加工刀具。"刀具"选择"JD6"。
- 刀轨设置。"循环"栏内选择"钻"，如图 2-130 所示。
- 生成刀路轨迹。主轴转速设置为 800 r/min、进给率设置

图 2-130　铰孔刀轨设置

为 50 mm/min，其他参数默认设置。在"操作"栏内，单击"生成" 🡆 ，生成刀路。

3. 🏃 倒角

（1）创建加工程序：平面轮廓铣　单击"创建工序" 🡆 ，弹出"创建工序"对话框。在"类型"下拉列表中选择"mill_planar"，在"工序子类型"中选择"平面轮廓铣" 🡆 ，"程序"选择"倒角"，"刀具"选择"DJ8"，"几何体"选择"W2"，然后单击"确定"完成平面轮廓铣工序的创建，如图 2-131 所示。

倒角加工

（2）"平面轮廓铣"的程序设置

- 设置几何体-指定部件边界与底面。选择 U 形键上平面，得到的封闭曲线即为部件边界，刀具侧为外侧，参数设置如图 2-132 所示。

图 2-131　创建平面轮廓铣工序　　　　　　　　图 2-132　部件边界设置

单击"指定底面" 🖼 ，弹出"平面"对话框，在下拉列表中选择"按某一距离"，选择孔上表面为参考平面，向下偏置 2 mm，"距离"设置为"-2 mm"，如图 2-133 所示。

图 2-133　指定底面

• 设置刀轴。"刀轴"设置为"垂直于底面"。

• 刀轨设置–非切削移动。单击"刀轨设置"栏内的"非切削移动" ⊞ ,进入"非切削移动"对话框。在"进刀"栏内"封闭区域"的"进刀类型"设置为"与开放区域相同","开放区域"内"进刀类型"设置为"圆弧","半径"设置为"10.000 0% 刀具直径","高度"设置为"1.000 0 mm","最小安全距离"设置为"1.000 0 mm",在"起点/钻点"栏内"重叠距离"设置为"1.000 0 mm",其他参数默认设置,如图 2-134 所示。

图 2-134 非切削移动设置

• 刀轨设置–进给率与速度。单击"刀轨设置"栏内"进给率和速度" ᡱ ,进入"进给率和速度"对话框,"主轴速度"栏和"进给率"栏分别设置为 4 500 r/min 和 800 mm/min。

• 生成刀路轨迹。在"操作"栏内,单击"生成" ⯮ ,生成刀路。其他倒角工序创建方法相同,生成的倒角刀路如图 2-135 所示。

2.4.5 仿真验证工序并输出程序

1. ⚡仿真验证工序

全部加工工序创建完成后,在工序导航器中,单击"程序顺序视图" ᡱ ,按 Shift 键选中全部程序组,然后在"主页"中单击"确认刀轨" ᡱ 进入软件仿真界面,单击"播放" ▶ ,进行过切检查及碰撞检查验证,结果无过切和加工残留。如图 2-136 所示。

图 2-135 生成的倒角刀路

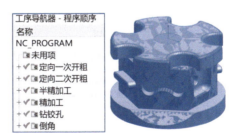

图 2-136 加工程序组和加工仿真结果

2. ⚡输出程序

验证无误后,分别按工序选中并右击"后处理" ᡱ ,进行后处理输出,生成 NC 程序,如

图 2-137 所示。

图 2-137 程序后处理

2.5 花型零件的虚拟仿真与实际加工

Vericut9.0 软件具有强大的数控仿真功能,能提供和现场机床一致的仿真环境,支持多轴、多工位、异形刀具、特殊结构机床、特殊控制系统等仿真。完成花型零件数控编程后,进行虚拟全实景的加工仿真,验证加工过程中是否会发生碰撞与过切现象。

2.5.1 花型零件的虚拟仿真验证

1. 数控机床文件导入

花型零件
加工仿真

(1)启动 Vericut9.0,单击菜单栏"文件"中的"新建项目",新建文件,点选"毫米"选项,项目文件名为"花型零件虚拟加工.vcproject"。

(2)单击菜单栏"文件"中的"工作目录",选择合适的文件路径,完成工作目录的设置。

(3)单击菜单栏"视图"中的"版面",选择 □ "双视图(水平)"模式。

(4)在"项目树"对话框中,"控制"选择"HNC-848B.xctl"作为仿真的数控系统;"机床"选择"HZ-5AXIS.mch"作为仿真的数控机床模型,如图 2-138 所示。

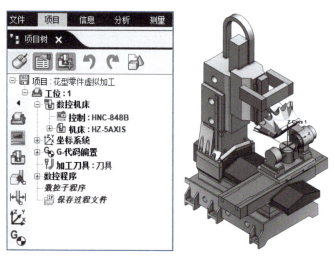

图 2-138 项目树设置与机床模型

2. 🏃 夹具与毛坯的装夹

（1）在"项目树"对话框中，右击"Fixture"，在菜单中选择"添加模型"→"模型文件"→"打开…"对话框，找到"四爪卡盘.stl"模型文件，单击"确定"，导入到仿真环境中，如图2-139所示。

（2）同样在"项目树"对话框中，找到"夹具.stl"模型文件，单击"确定"，导入到仿真环境中，如图2-140所示。

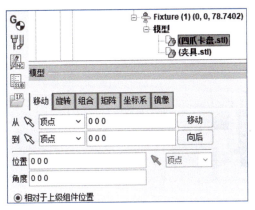

图 2-139　卡盘虚拟安装

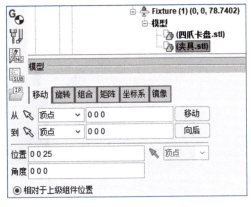

图 2-140　夹具虚拟安装

（3）在"项目树"对话框中，右击"Stock"，在下拉菜单中选择"添加模型"→"模型文件"→"打开…"对话框，找到"毛坯.stl"模型文件，单击"确定"，导入到仿真环境中，如图2-141所示；

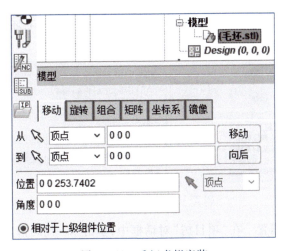

图 2-141　毛坯虚拟安装

（4）摆正导入的模型：模型的摆正需要通过"移动"和"旋转"来实现。

• 移动模型：单击要摆正的模型，弹出"配置模型"对话框，单击"移动"，选择"从""到"子选项中的"圆心"，单击选择图标 ✎ ，依据提示获得"从""到"对话框中的坐标值；根据相对位置，单击"移动" 移动 或"向后" 向后 使对象移动到规定的位置。

• 旋转模型：单击要摆正的模型，弹出"配置模型"对话框，单击"旋转"，选择"旋转中心"子选项中的"圆心",单击选择图标 🖰,获得"旋转中心"的坐标,单击 ◎,图中回转中心以图标形式显示;接着通过"增量角度" 增量 90 和"旋转矢量" X+ Y+ Z+,将模型旋转至规定角度,从而完成一个模型的摆正。

由于需要摆正的模型均为回转体,摆正时均选择了"圆心"这一基准。同时,工件的移动和旋转可交替进行,直到模型摆放至规定位置。在摆正过程中,应考虑实际加工时零部件之间的相对位置关系,尽可能保持一致。完成装配后的装夹示意图,如图2-142所示。

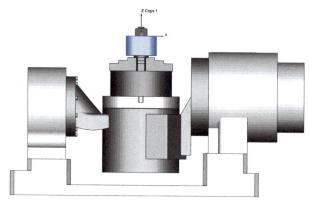

图2-142　装夹示意图

3. 创建加工坐标系

(1)在"项目树"对话框中,单击"坐标系统",在下方的"配置坐标系统"对话框中,单击"新建坐标系";弹出"配置坐标系统:Csys 1"对话框,在"CSYS"选项卡中的"位置"一栏,单击选择图标 🖰,在右侧下拉选项卡中选择"圆心",根据提示栏"选择圆的XY平面"单击选中毛坯圆柱外端面,接着按提示栏"选择圆柱/圆锥面"单击选择毛坯圆外圆面,坐标系在毛坯外端面圆心上,完成加工坐标系的创建,如图2-143所示。

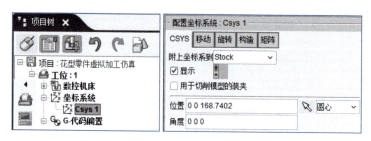

图2-143　创建加工坐标系

(2)配置G-代码偏置　在"项目树"对话框中,单击"G-代码偏置" G-代码偏置,在弹出的对话框中,在"偏置"选择"工作偏置","寄存器"设置为"54",单击"添加" 添加;弹出"配置工作偏置"对话框,设置从"组件"到"坐标原点",从"组件"名称设为"Tool",到"坐标原点"名称设为"Csys 1",如图2-144所示。

4. 创建加工刀具

根据工艺参数,创建刀具,具体参数见表2-8。

(1)单击项目树中的"加工刀具" 🛠,弹出"刀具管理器"对话框,单击文件栏中的"新文件" 🗋;

图 2-144　配置 G-代码偏置

表 2-8　刀　具　参　数

刀具	刀长/mm	刃长/mm	直径/mm	伸出长度/mm
ϕ10 平底立铣刀	75	30	10	35
ϕ6 平底立铣刀	50	18	6	30
ϕ6R3 球头刀	50	15	6	30
ϕ5.8 麻花钻	50	30	5.8	30
ϕ6H7 铰刀	96	26	6	30
ϕ8-90° 倒角刀	50	12	8	30

（2）添加 ϕ10 平底立铣刀刀柄。

单击工具栏"添加"中的"铣刀"　铣刀→单击左边对话框的"刀柄"　刀柄1→单击中间对话框中的"刀具组件"→输入 R："18"、高度"70"，与实际加工时刀柄参数一致，如图 2-145所示。

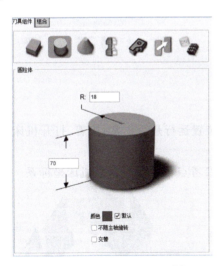
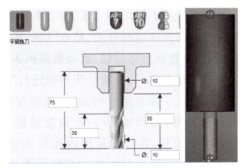

图 2-145　创建加工刀具

（3）ϕ10 平底立铣刀参数设置。

单击"刀具"，在中间的"刀具组件"中，默认"平底铣刀"栏下将刀具直径设置为"10"，将刀具伸出长度设置为"35"，将刀刃长度设置为"30"，将刀杆直径设置为"10"，如图 2-145所示。

（4）φ10 平底立铣刀的装夹点设置。

在"编辑"对话框中，单击"自动对刀点" 🔧 自动对刀点 和 "自动装夹" 💡 自动装夹 为默认，完成 φ10 平底立铣刀的创建，如图 2-145 所示。

其余刀具的创建方法，与上述步骤相同。

5. 数控加工仿真与切削过程演示

（1）导入数控程序 在"项目树"对话框中，双击"数控程序"，弹出"数控程序"对话框，找到后处理完成的程序，选中数控程序文件，单击"确定"按钮，完成数控程序的导入，如图 2-146 所示。

（2）机床仿真操作 完成上述设置后，进行数控加工仿真，单击右下方控制栏中的"重置模型" 🔘，完成模型重置，然后单击"仿真到末端" 🔘，完成之后的虚拟加工仿真结果如图 2-147 所示，根据模型颜色显示和"VERICUT 日志器"的提醒，查看有无碰撞和干涉。

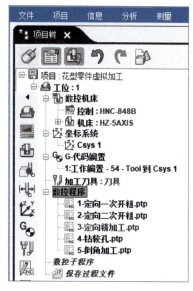

图 2-146 导入数控程序

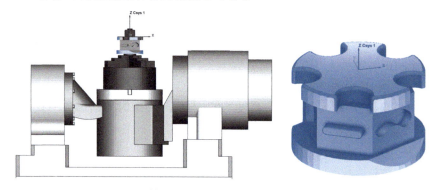

图 2-147 虚拟加工仿真结果

2.5.2 花型零件的加工

1. 机床准备

（1）首先打开机床电源开关，检查气源、冷却装置运行是否正常；接着，打开机床控制面板上的系统电源，释放急停按钮，启动数控机床。

（2）数控机床开机后，一般机床需要进行"回参考点"操作，以建立机床坐标系。

（3）机床停机一段时间后启动，一般需要对其进行预热。预热时，移动轴 $X/Y/Z$ 和旋转轴 A/C 应按一定的增量步长，在行程范围内连续运动，使主轴处于低速旋转状态以使机床达到热平衡状态，预热时间为 3～5 min。

2. 装夹工件和刀具

按照 2.3.2 节中的装夹方案装夹工件，如图 2-148 所示。机床 A、C 轴回零，用杠杆百分表测量外圆素线直线度和端面跳动，校正工件使其垂直安

图 2-148 装夹完成的工件

装在卡盘中。

加工用刀具如图 2-149 所示,按照表 2-8 中伸出刀长长度,依次装夹好刀具后,可将刀柄安装到主轴上,用杠杆百分表测量刀具的径向跳动,出现超差时需对刀柄及夹持器等进行检查并校正。

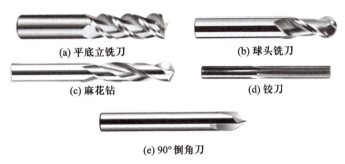

(a) 平底立铣刀　　　　　　　　(b) 球头铣刀

(c) 麻花钻　　　　　　　　(d) 铰刀

(e) 90° 倒角刀

图 2-149　加工用刀具

3. 数控加工中的坐标系与对刀操作

对刀就是选择工件上某一基准点作为编程原点,通过对刀操作找到与这一基准点对应的机械坐标值,并将该机械坐标值输入到数控系统中,确定工件与机床之间的相对位置关系,从而完成工件坐标系的建立。首先对数控加工中的坐标系进行说明。

（1）数控加工中的坐标系

● 编程坐标系与编程原点。编程坐标系是编程人员根据零件图样及加工工艺等建立的坐标系。编程坐标系原点,简称为编程原点。在 2.4.1 节数控加工编程预设置中定义了编程坐标系（加工坐标系）,编程原点设置在工件花型圆盘一侧圆柱上表面中心点处。

● 机床坐标系与机床原点。机床坐标系是确定工件在机床中的位置、描述机床运动产生的数据信息而建立的坐标系。机床坐标系原点,简称机床原点,是其他所有坐标系和机床参考点的基准点。机床原点因生产厂家而异,有的设在进给行程范围的终点,有的设在机床工作台中心。对某一具体机床而言,机床原点的位置是固定的。机床坐标系的坐标值,称为机械坐标值。

● 工件坐标系与工件原点。工件坐标系是机床实际进行零件加工采用的坐标系,确定加工刀具与工件相对的位置关系,是编程坐标系在机床加工中的具体体现。工件坐标系的原点,简称工件原点。数控编程中的刀路经过后处理程序（后处理程序需要根据不同机床结构定制）编译形成数控加工程序,导入到数控系统中进行加工。数控加工是刀具在工件坐标系下按数控程序指令切削工件的过程,工件与刀具之间存在相对运动（均把工件看作静止,刀具移动）。比如以下程序指令:

G54 G90 G00 X0 Y0;//在 G54 工件坐标系下,刀具（刀位点）快速移动至 X0 Y0

G43 H01 Z10;//采用 1 号刀具长度补偿值,刀具（刀位点）快速移动至 Z10

这里 G43 为正向刀具长度补偿指令,G54 和 H01 分别为工件坐标系和刀具长度补偿值,其数值设置需要通过"对刀"操作实现,分为 X、Y 轴对刀和 Z 轴对刀。

（2）对刀操作

对刀操作是移动刀具或工件,使刀具刀位点与工件上的编程原点重合,并记录其机械坐标值至工件坐标系的设置过程。对刀的结果是使设置后的工件原点与编程原点重合（Z 向需要刀具补偿值补偿),从而导入数控系统中的 NC 程序能够进行正常加工。对刀前,多轴加工机床旋转轴应回零。

• *X*、*Y* 轴对刀。采用两点分中的方法,在手轮模式下移动工件,使刀具中心线的 *X*、*Y* 坐标分别与工件圆柱中心重合,记录这一位置的 *X*、*Y* 机械坐标值至 G54 对应栏中。常用的工具有机械偏心式寻边器、光电寻边器和 3D 寻边器等,如图 2-150 所示。

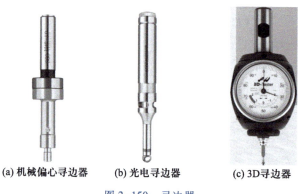

(a) 机械偏心寻边器   (b) 光电寻边器   (c) 3D寻边器

图 2-150 寻边器

• *Z* 轴对刀

以华中五轴 HNC-848D 数控系统的机床为例,说明工件的 *Z* 轴对刀方法,主要分为 2 个步骤(以 G54 坐标系为例说明):

步骤 1:测量并记录刀长   刀具长度是刀尖点到主轴端面的距离,如图 2-151 所示。可通过机外对刀仪测量刀具长度值;也可以将被测刀具装入到机床主轴上,利用塞尺、刀杆或百分表等工具,通过手轮移动 *Z* 轴测量得到主轴端面到刀具刀尖点的相对距离,即刀具长度值;还可以通过标准刀(其刀长已知)与被测刀在移动到同一 *Z* 向基准面的机械坐标值的差值,计算得到被测刀具的刀具长度值。将刀具长度值输入到对应刀号的刀补 *Z* 栏内(这里的刀具长度值均为正值)。

步骤 2:设置 G54 中的 *Z* 值   调用测量刀具,移动刀具使刀尖点与圆柱上表面在 *Z* 向位置重合,记录当前位置的 *Z* 向机械坐标值(负值),在此基础上减去当前刀具长度值,将这一计算结果输入到 G54 中的 *Z* 栏中。

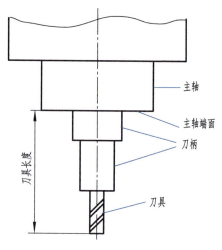

图 2-151 刀具长度

由步骤 1 可知华中五轴的刀具长度补偿值是主轴端面到刀尖点之间实际测量得到的刀具长度值(正值),这与三轴、四轴数控铣床的刀具补偿值设置有一定的区别,这是由于五轴加工机床中一般应开启 RTCP 功能,此时旋转轴运动时,系统会自动进行直线轴的补偿(五轴刀具补偿代码为 G43.4 H_或 G43.5 H_),因此需要实际的刀具长度值。

由步骤 2 可知 G54 坐标系的 *Z* 向原点 Z0 设置在主轴端面处(机床参考点),这一对刀方式也称为主轴端面对刀。该方式下,更换刀具时设定的工件坐标系可继续使用,仅需要测量其刀长并在刀补栏输入即可。

华中 8 型数控系统提供两种对刀方式,缺省设置为主轴端面对刀,其通道参数【040403】为默认值 0。当通道参数改为 1 时,为刀尖点对刀。这一对刀方式下,Z 向对刀完成后,设定刀尖点为工件坐标原点,更换刀具后,需要重新对刀,设定新的工件坐标原点。主轴端面对刀如图 2-152 所示。

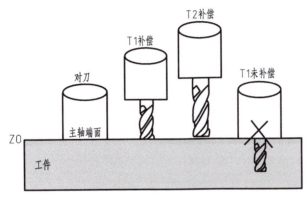

图 2-152 主轴端面对刀

常用的辅助工具有机外对刀仪、Z 值设定器、塞尺、标准刀杆等,如图 2-153 所示。在没有对刀工具的情况下,通过安装在主轴上的旋转刀具去试切工件表面而建立坐标系的方法称为试切对刀,这对操作者技能要求较高,不适合初学者使用。

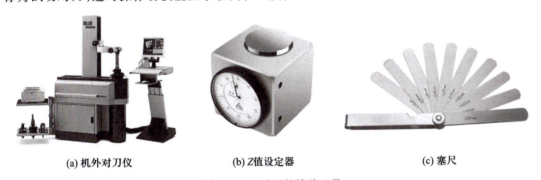

(a) 机外对刀仪   (b) Z值设定器   (c) 塞尺

图 2-153 对刀长辅助工具

除上述手动对刀外,当机床带有机内对刀仪时,可按设定程序完成自动对刀。不同品牌的五轴数控机床 Z 轴对刀具体操作方法略有不同,但其原理基本一致。

4. 花型零件的实际加工

(1)将编制好的 NC 程序通过存储介质(U 盘、CF 卡)或者 DNC 在线传输方式,输入到机床的数控系统中进行加工。

(2)在加工过程中,应保证冷却液的开启,同时根据加工现场情况,可以适当调节主轴转速和进给倍率。

(3)对于有精度要求的尺寸,可以在所在工步精加工前、后分别测量,以判断零件加工精度情况。由于实际加工中存在振动、刀具磨损、对刀误差、工件变形等多种影响因素,测量得到的实际尺寸与理论值有可能存在偏差。根据实际测量尺寸与理论尺寸的差值情况,判断是否需要通过调整精加工参数(如余量设置)或修改机床刀具补偿值(刀具磨损值)等方法,使精加工尺寸达到精度要求。在工件拆装前,尽可能通过测量、修调零件以保证工件的尺寸加工精度。

（4）加工完成后,用气枪吹去零件表面残留切削液。轻取工件,注意不要刮伤零件表面。加工完成后的零件,如图 2-154 所示。

图 2-154　加工完成的零件

（5）零件加工完成后,可对零件进行三坐标测量,并校验尺寸。

 ## 2.6　实例小结

本章对花型零件进行了三维建模并制定了加工工艺方案,对其进行了五轴定向加工编程、仿真与实际加工。采用型腔铣、深度轮廓铣、带边界面铣等工序方法进行了开粗加工程序编制;通过底壁铣、平面铣、固定轮廓铣等工序方法完成了半精加工和精加工程序编制;应用钻孔、铰孔和平面轮廓铣工序完成了零件的孔加工与倒角加工。

● 加工技巧。零件的加工工艺方案需要根据图样要求、毛坯、现有机床、工具等综合考虑进行制定,是数控编程和加工的基础,也是多轴加工中的重点和难点。编程中创建辅助几何体可以使加工刀路光顺,减少了加工过程中的跳刀等现象。五轴定向加工与三轴加工的工序方法基本相同,只需要更改刀轴方向即可。对腰形槽腔体结构的开粗,采用"进刀"方式进行了螺旋切削加工,提高了加工效率。

刀具路径的轨迹按不同的规律分布称为切削模式,常见的切削模式有跟随部件、跟随周边、往复等加工刀路。型腔铣工序常用于开粗加工,底壁铣工序常用于平面精加工。固定轮廓铣常用于曲面精加工,案例中采用引导曲线驱动方法进行花型零件圆角曲面的加工,刀路较为光顺。通过 Vericut 虚拟加工仿真,装载五轴机床、夹具、毛坯和带有刀柄的刀具,实现全实景虚拟加工仿真,从而可以有效避免实际加工中的干涉碰撞和过切等现象。五轴加工机床操作与三轴、四轴机床基本相同,由于增加了两个旋转轴,零件可进行转位定向、联动加工提高了加工效率和范围。除了建立正确的三维模型、制定好工艺、完成数控编程与虚拟仿真等工作外,零件装夹、对刀操作以及尺寸测量与补偿等实际加工过程也是零件完成特征加工和实现尺寸精度的重要步骤。

3.1 零件特征分析与任务说明

3.1.1 零件特征说明

如图 3-1 所示为双侧环道零件工程图。该零件在圆柱回转面上有孔、台阶、矩形槽，一侧圆盘端面有螺旋槽，另一侧圆盘端面设有对称 U 形槽。根据零件特点，需四轴定向和联动加工。

加工要素中包括平面、垂直面、斜面、阶梯面、倒角、平面轮廓（型腔、岛屿）、曲面、孔等特征，为方便说明，对零件中的各位置特征进行简要分类和命名说明，如图 3-2 所示。

3.1.2 零件尺寸说明

根据图样尺寸标注，该零件的加工等级最高为：尺寸公差等级达 IT7 级，几何公差等级达 IT8 级，表面粗糙度值 Ra 达到 1.6 μm，均与考核大纲要求一致。零件尺寸中涉及的尺寸公差范围不同，对于公差等级精度要求较高的尺寸，需要重点关注。双侧环道零件除自由公差外的零件精度要求列表见表 3-1。

3.1.3 任务说明

根据工作流程，需要依次完成以下任务：零件三维模型的建立、工艺规划与制定、数控编程、Vericut 仿真模拟、零件的实际加工。

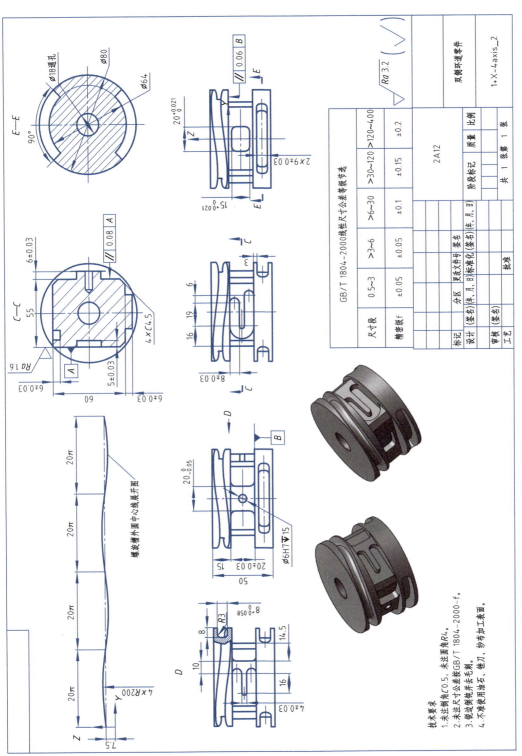

图 3-1　双侧环道零件工程图

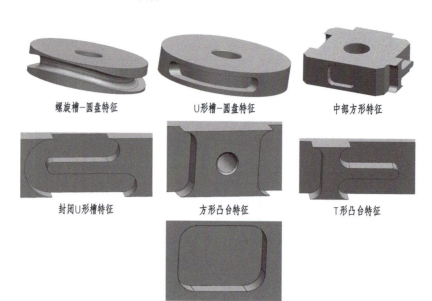

螺旋槽-圆盘特征　　　　　　U形槽-圆盘特征　　　　　　中部方形特征

封闭U形槽特征　　　　　　方形凸台特征　　　　　　T形凸台特征

圆角矩形槽特征

图 3-2　零件位置特征说明

表 3-1　零件精度要求列表

mm

尺寸公差	1	4±0.03		尺寸公差	6	3×6±0.03	
	2	$8^{+0.058}_{0}$			7	$15^{+0.021}_{0}$	IT7
	3	20±0.03			8	$20^{+0.021}_{0}$	IT7
	4	$20^{0}_{-0.05}$			9	2×9±0.03	
	5	8±0.03			10	5±0.03	
几何公差	1	平行度 0.06	IT 8	几何公差	2	平行度 0.08	

3.2　零件三维模型的建立

3.2.1　整体外形特征的建立

1. 圆盘特征的建立

（1）打开 UG NX12.0 软件，新建"模型"，命名为"双侧环道"，单击"确定"，进入建模环境，如图 3-3 所示。

双侧环道建模

（2）通过"主页"→"特征"→"更多"选项，选择"圆柱"，如图 3-4 所示。

（3）在"圆柱"对话框中设置"轴"中的指定矢量为基准坐标系 Z 轴负方向；"尺寸"中的"直径"和"高度"分别设置为"80 mm"和"15 mm"，创建出图样中侧边圆盘特征，如图 3-5所示。

2. 中间方形特征的建立

（1）单击"草图"，弹出"创建草图"对话框，如图 3-6 所示。以基准坐标系 *XOY* 平面为草图平面，其中"原点方法"选择"使用工作部件原点"，此选项含义为从工作部件的原点自动判断草图的原点。按照图样尺寸，使用"矩形"，绘制一个长 55 mm，高 60 mm 的中心对称的矩形草图，如图 3-6 所示。

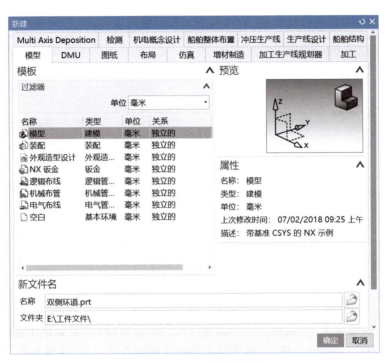

图 3-3　新建"建模"对话框

图 3-4　圆柱特征

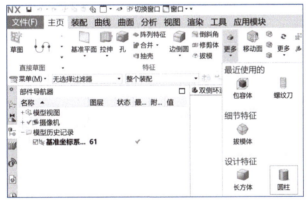

图 3-5　圆盘特征的创建　　　　图 3-6　矩形草图绘制

（2）绘制完成后，单击"完成草图" 。使用"拉伸" 沿面法向（基准坐标系 Z 轴的正

75

方向）拉伸 20 mm，与圆盘特征布尔"合并"，创建的实体特征，如图 3-7 所示。

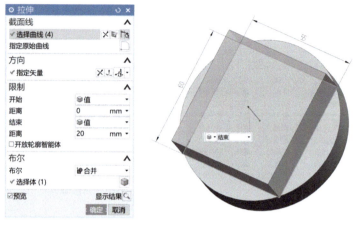

图 3-7 中部方形特征的创建

3. 另一个圆盘特征的建立

（1）使用"镜像特征" 创建另一个圆盘特征，在"镜像特征"对话框中选择已创建的实体圆盘特征，采用"二等分"方法，选择中间矩形特征的中心平面为"镜像平面"，单击"确定"按钮完成另一个圆盘特征的创建，如图 3-8 所示。

（2）使用"合并" ，将新的圆盘特征和主体合并，创建出零件主体，如图 3-9 所示。

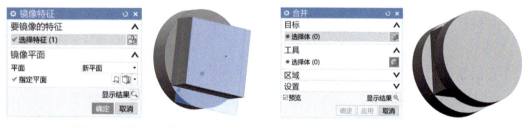

图 3-8 镜像平面设置　　　　　　　　　　　　图 3-9 零件合并

3.2.2 中部矩形台四面特征的建立

1. 封闭槽特征的建立

（1）单击"草图" 进入草图绘制界面。按照工程图中的尺寸，以与基准坐标系 XOZ 平面平行的矩形台平面为草图平面，使用"轮廓" ，可完成草图的绘制，如图 3-10 所示。具体步骤如下：

使用"轮廓" 可创建一系列相连直线和圆弧，每条曲线的末端即为下一条曲线的开始。使用此命令可通过一系列鼠标单击快速创建轮廓，该功能默认鼠标单击为直线，长按左键时为圆弧，也可通过轮廓命令框选择"直线"和"圆弧" 。以此方法完成初步外形特征的绘制。

通过"几何约束" ，分别进行"水平"约束 、"共线"约束 （平面轮廓线与草图线段）、"相切"约束 、圆心"重合"约束 。

对直线和圆弧进行尺寸约束，通过"快速尺寸" 或双击自动标注的尺寸进行修改，分别定义圆弧半径为 $R4$，直线距离为 16、19 和 6，最后，完成封闭槽草图的绘制。

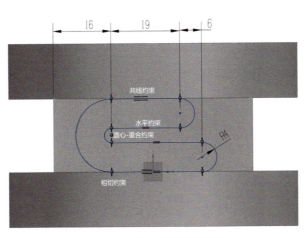

图 3-10　封闭槽草图绘制

（2）使用"拉伸" ，沿面法向向外拉伸 6 mm，并且和主体布尔"减去"，创建出如图 3-11 所示的封闭槽特征。

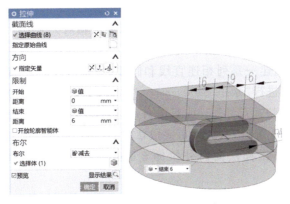

图 3-11　封闭槽特征的创建

2. 矩形槽特征的建立

（1）按照工程图中的尺寸，以与基准坐标系 *YOZ* 平面平行的矩形台平面为草图平面，在草图环境下使用"矩形" 绘制一个 20×15 mm 的矩形，完成初步形状的绘制；接着，进行几何约束设置，矩形竖直边中心与模型右侧边中心"水平对齐" ，矩形水平边中心与模型上侧边中心"竖直对齐" ，完成草图的绘制，矩形草图如图 3-12 所示。

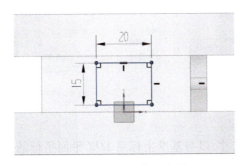

图 3-12　矩形草图绘制

（2）使用"拉伸" 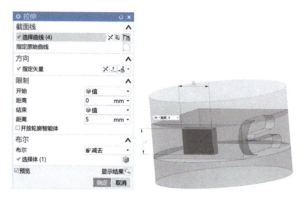,选择绘制的草图曲线,沿面法向向外拉伸 5 mm,并且和主体布尔"减去",创建的实体特征,如图 3-13 所示。

图 3-13　矩形槽特征的创建

3. T 形凸台特征的建立

（1）单击"草图" 进入到草图绘制界面。按照工程图中的尺寸,以与基准坐标系 *XOZ* 平面平行的矩形台平面为草图平面（与封闭槽特征平面相对）,使用"轮廓" ,可完成草图的绘制,如图 3-14 所示。具体步骤如下:

使用"轮廓" 可创建一系列相连直线和圆弧,每条曲线的末端即为下一条曲线的开始;通过几何约束,分别进行"水平"约束 ━━ 、"共线"约束 ━━ 、"相切"约束 ;对直线和圆弧进行尺寸约束,通过"快速尺寸" 或双击自动标注的尺寸进行修改,分别定义圆弧半径为 *R*4,直线距离为 16、10、4 和 14.5,即可完成草图的绘制。

（2）使用"拉伸" 沿面法向向外拉伸 6 mm,并且和主体布尔"合并",创建出如图 3-15 所示 T 形凸台特征。

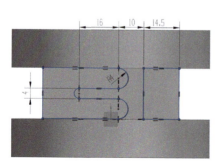

图 3-14　T 形凸台草图绘制

图 3-15　T 形凸台特征的创建

4. 方形凸台特征的建立

（1）按照工程图中的尺寸,以与基准坐标系 *YOZ* 平面平行的矩形台平面为草图平面,在草图模块下绘制草图,如图 3-16 所示。使用"矩形" 绘制一个矩形,完成初步形状的绘制;进行几何约束设置,矩形竖直边中心与模型右侧边中心"水平对齐" ●━●,矩形水平边中心与模型上侧边中心"重合" ⌐,完成几何约束,完成草图的绘制。

（2）使用"拉伸" ⬛,沿面法向向外拉伸 6 mm,并和主体布尔"合并",创建出如图 3-17 所示方形凸台特征。

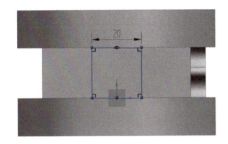

图 3-16　方形凸台草图绘制　　　　　图 3-17　方形凸台特征的创建

3.2.3　U 形槽特征的建立

1. 🏃 单边对称 U 形槽特征的建立

（1）单击"草图" 进入草图绘制界面。按照工程图中的尺寸,以基准坐标系 *XOZ* 平面为草图平面,使用"矩形" □ 完成外形特征绘制,接着通过几何约束和尺寸约束设置矩形长、宽分别为设置为 8、9,矩形上边设置为"水平"约束 ●━━,与实体边距离为 3,左侧边与实体边"共线"约束 ⫽。

使用"镜像曲线" ⌐,框选左侧矩形草图,选择 *Y* 轴为中心线,即可完成对称草图的设置,U 形槽草图绘制如图 3-18 所示。

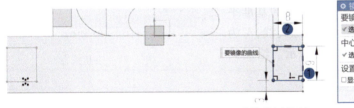

图 3-18　U 形槽草图绘制

（2）使用"旋转" ,"轴"选择沿基准坐标系的 *Z* 轴正方向,在"开始角度"和"结束角度"分别输入"-45°"和"45°",并且和主体布尔"减去",旋转创建出如图 3-19 所示的单边对称 U 形槽特征。

2. 🏃 螺旋槽特征的建立

（1）单击"基准平面" □,使用"相切"方式,选择模型上部圆盘外圆周面特征表面后,单击"确定"完成基准平面的创建,如图 3-20 所示。

（2）使用表达式命令:在"工具"选项卡→"实用工具"子选项→"表达式" 中,新建表达式,在"名称"栏输入"A",在"公式"栏输入"80 * Pi( )",如图 3-21 所示。

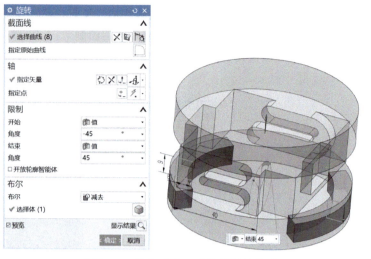

图 3-19 单边对称 U 形槽特征的创建

图 3-20 基准平面的创建

（3）单击"草图" 📐 进入草图绘制界面。按照工程图中的尺寸,选择刚刚创建完成的基准平面为草图平面,使用"轮廓" 🖊 绘制螺旋线,A 为螺旋中心线长度 80π,如图 3-22 所示。绘图具体步骤如下:

↑	名称	公式	值	单位	量纲
1	∨ 默认组				
2				mm ▼	长度 ▼
3	A	80*pi()	251.3274123	mm ▼	长度

图 3-21 表达式命令

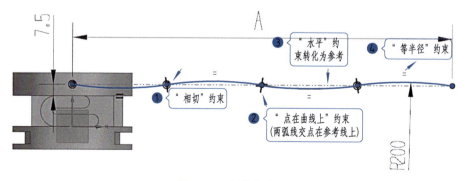

图 3-22 螺旋线草图

使用"直线" $\diagup$,直线的端点起点与草图坐标 Y 轴共线,创建长为 $A = 80\pi$ 的水平线段,并右击"转换为参考" $\boxed{\text{N}}$,将该直线段设置为参考线。

使用"轮廓" $\boxed{\text{U}}$,创建 4 个圆弧,通过"相切"约束 $\boxed{\text{o}}$ 、"点在曲线上"约束 $\boxed{\text{1}}$ 的弧线交点在参考线上和"等半径"约束 $\boxed{=}$ 几何形状,接着通过尺寸约束,定义弧半径为 200,即可完成草图的绘制。

(4)使用"缠绕曲线" $\boxed{\text{图}}$,选择创建完成的草图作为缠绕"曲线","面"选择模型上部圆盘特征外圆表面作为缠绕曲面,选择创建完成的基准平面作为"指定平面",把草图缠绕到模型表面,如图 3-23 所示。

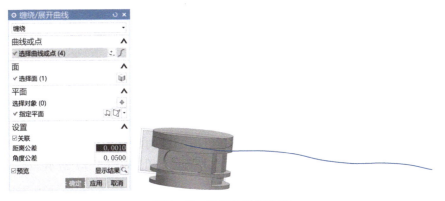

图 3-23　缠绕曲线的绘制

(5)在主菜单栏"曲线"中"派生曲线"的子菜单中选择"偏置曲线",在弹出的"偏置曲线"对话框中选择"3D 轴向"并选中建好的缠绕曲线,"偏置距离"设置为"4 mm",方向为圆柱轴向,完成偏置曲线的创建,如图 3-24 所示。另一条曲线偏置方法相同,"偏置距离"设置为"-4 mm"。

(6)在主菜单栏"主页"中"特征"的子菜单中选择修剪组中的"分割面" $\boxed{\text{图}}$,选择圆柱曲面,"工具选项"选择"对象",选择建好的两条曲线,如图 3-25 所示。

图 3-24　偏置曲线的创建　　　　　图 3-25　分割面的绘制

(7)在主菜单栏"主页"中"特征"的子菜单中选择偏置缩放组中的"加厚" $\boxed{\text{图}}$ 。选择分割形成凹槽曲面,"厚度偏置 1"设置为"-10 mm",进行布尔"减去",得到图示结构,如图 3-26 所示。

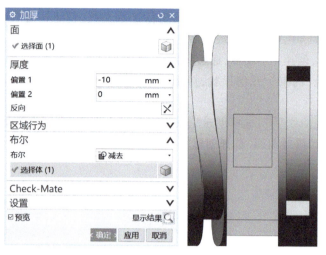

图 3-26　分割面的创建

3.2.4　孔特征的建立

（1）在"特征"选项卡中选择"孔" ，在弹出的"孔"对话框中的"位置"→"指定点"中选择矩形凸台中心，创建一个直径为 6 mm、深为 15 mm 的孔，如图 3-27 所示。

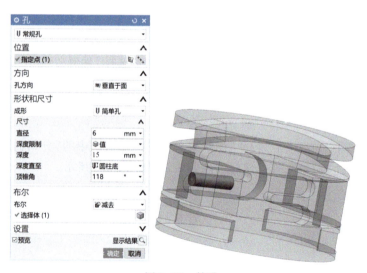

图 3-27　钻孔

（2）在"特征"选项卡中选择"孔" ，在弹出的"孔"对话框中"位置"→"指定点"中选择模型圆柱中心，创建一个直径为 18 mm 的贯通孔，如图 3-28 所示。

3.2.5　倒角特征的建立

（1）在"特征"选项卡中选择"边倒圆" ，按照工程图中的尺寸，在螺旋槽底边倒 R3 圆角，在其他位置倒 R4 圆角，如图 3-29 所示。

（2）在"特征"选项卡中选择"倒斜角" ，按照工程图中的尺寸，在方形、矩形边处倒 C4.5 斜角，在贯通孔和孔边倒 C0.5 斜角，创建出最终模型，如图 3-30 所示。

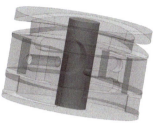

图 3-28　贯通孔

图 3-29　倒圆角

图 3-30　倒斜角和创建完成的模型

 ## 3.3　工艺规划

3.3.1　机床设备与工具

AVL650e 四轴立式加工中心具有 CNC 标准功能,其 A 轴转台位于工作台右侧,可完成铣、镗、钻、铰、攻螺纹等多种工序的高速切削加工,其外形及参数如图 3-31 所示。

根据多轴数控加工职业技能等级证书(中级)的样题设置,刀具、工具清单与第 2 章中的相同。

3.3.2　加工方案的制定

案例采用的工件毛坯、夹具装配体与第 2 章相同,依据机床结构和工作特征,工件装夹与定位示意图如图 3-32 所示,该机床自带通用夹具为三爪自定心卡盘。工艺基准应与图样主要尺寸基准一致,因此选择螺旋槽特征一侧外圆面中心为零件坐标原点,应用软件编制数控程序时,加工坐标系按图示设置。考核时,装夹方案可根据实际情况做适当调整。

技术参数	
$X/Y/Z$ 轴行程 mm	650/520/520
A 轴	360° 回转
主轴最高转速 r/min	10000
刀柄类型	BT40

图 3-31　AVL650e 四轴立式加工中心外形及参数

零件加工工序可划分为铣削加工中的粗加工、半精加工、精加工,以及孔加工与倒角加工。根据机床、装夹方式和工件特点,铣削时主轴转速可设置为 3 500 ~ 8 000 r/min,进给率为 800 ~ 2 000 mm/min,铣加工切削深度可取 0.5 ~ 2 mm。实际加工时可以根据现场情况调节进给和转速倍率。

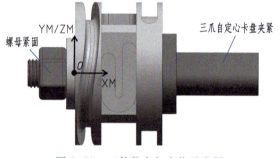

图 3-32　工件装夹与定位示意图

结合 NX UG12.0 编程工序方法和双侧环道零件尺寸要求,零件数控加工工序安排,见表 3-2。与软件数控编程命名一致,表中刀具规格 D10、D6、R3、ZXZ3、ZT5.8、JD6 和 DJ8 分别代表 φ10 平底立铣刀、φ6 平底立铣刀、φ6R3 球头刀、φ3 中心钻、φ5.8 麻花钻、φ6H7 铰刀和 φ8-90° 倒角刀。

表 3-2　零件数控加工工序卡

序号	工步		编程工序方法	刀具规格	主轴转速 (r/min)	进给速度 (mm/min)	预留余量 (mm)	对应刀路
	加工阶段	加工部位						
1	铣削开粗加工	中部特征 (一次开粗)	型腔铣	D10	4 500	2 000	0.3	

序号	工步		编程工序方法	刀具规格	主轴转速（r/min）	进给速度（mm/min）	预留余量（mm）	对应刀路
	加工阶段	加工部位						
1	铣削开粗加工	中部特征（二次开粗）	型腔铣	D6	5 500	1 500	0.3	
		螺旋槽	可变轮廓铣（曲面驱动）	D6	5 500	1 500	1	
		U 形槽	可变轮廓铣（外形轮廓铣驱动）	D6	5 500	1 500	0.3	
2	铣削半精加工	四面特征中的平面	底壁铣	D6 精	6 500	1 000	0.1	
		螺旋槽侧壁	可变轮廓铣	R3	6 500	1 000	0.1	
		U 形槽	可变轮廓铣（外形轮廓铣驱动）	D6 精	6 500	1 000	0.1	
3	铣削精加工	四面特征中的平面	底壁铣	D6 精	6 500	1 000	0	

续表

序号	工步		编程工序方法	刀具规格	主轴转速（r/min）	进给速度（mm/min）	预留余量（mm）	对应刀路
	加工阶段	加工部位						
3	铣削精加工	螺旋槽侧壁	可变轮廓铣（曲面驱动）	R3	6 500	1 000	0	
		螺旋槽底部曲面	可变轮廓铣（引导曲线驱动）	D6 精	6 500	1 000	0	
		U 形槽	可变轮廓铣（外形轮廓铣驱动、曲面驱动）	D6 精	6 500	1 000	0	
4	钻铰孔加工	方形凸台面孔	钻孔	ZT5.8	1 500	100	0.1	
			铰孔	JD6	800	50	0	
5	倒角加工	倒角特征	平面轮廓铣	DJ8	4 500	800	0	

表中工艺参数设置受限于加工机床、刀具、装夹方式、冷却方式、加工环境等诸多因素，因此工艺参数仅供参考，实际加工可根据情况进行调整。

3.4　数控编程

3.4.1　数控编程预设置

1. 创建辅助几何

为提高编程效率、减少非必要的加工刀路，创建辅助体并放置在图层 10 内。具体操作步骤如下：

编程预设置

在主菜单栏中选择"视图"→"可见性"→"更多"，选择"复制至图层" 。在弹出的"类选择"对话框中，"选择对象"选择当前工件的三维实体模型，单击"确定"。接着，在"图层复制"对话框中，"目标图层或类别"中输入"10"（图层号可自行定义）。

在"视图"工具栏中，单击"图层设置" （快捷键为"Ctrl+L"），双击 10 号图层，设其为当前工作图层，并取消 1 号图层的显示。

在"建模"模块下,在"主页"中的"同步建模" ↻ 中使用"删除面" ⬚ 命令,选中两侧圆盘螺旋槽与 U 形槽特征的曲面,单击"确定",删除面设置与辅助几何体,如图 3-33 所示。

图 3-33　删除面设置与辅助几何体

2. 创建程序组

单击右侧"工序导航器" ⬚ ,在"名称"栏单击"PROGRAM"程序,右击选择"插入"中的
"程序组",在弹出的"创建程序"对话框中,修改程序名称为"开粗加工",其他为默认,单击"应用"和"确定"按钮,完成零件加工程序组的创建。

使用相同方法创建"半精加工""精加工""钻铰孔""倒角"等程序组,完成程序组的创建,如图 3-34 所示。

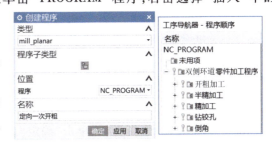

图 3-34　程序组的创建

3. 创建刀具

步骤与第 2 章中的相同,此处不再赘述。

4. 创建加工坐标系、安全平面、指定加工工件

(1)进入几何视图　在"工序导航器"的"名称"栏空白处右击,在弹出菜单中选择"几何视图",或在"工序导航器"菜单栏中选择"几何视图" ⬚ 。按"Ctrl+L"键,设置图层 1 为当前图层,并隐藏图层 10,从而双侧环道零件几何为当前显示几何。

(2)创建加工坐标系　双击节点 ⬚ MCS,弹出"MCS 铣削"对话框。选择零件顶部圆心为原点,矢量 X 指向圆柱轴心,在"安全设置"的"安全设置选项"下拉列表中选择"圆柱","指定点"选择原点,"指定矢量"选择 X 轴,"半径"设置为"60.000 0",如图 3-35 所示。

图 3-35　"MCS 铣削"机床坐标系的设置

（3）创建加工工件

- WORKPIECE 几何体 W1 的创建

按"Ctrl+L"键,设置图层 10 为当前图层,并隐藏图层 1,创建的辅助体为当前显示几何。在"工序导航器-几何视图"下,单击 MCS_MILL 左侧按钮+ 展开子选项,将"WORKPIECE"右击重命名为"W1"。

接着,双击节点 W1,弹出"工件"对话框,单击"指定部件"按钮,弹出"部件几何体"对话框,选择辅助体,如图 3-36 所示。

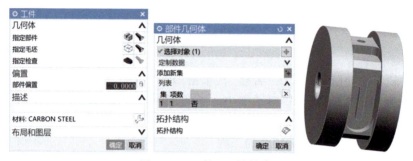

图 3-36　工件 W1 的创建

单击"指定毛坯"按钮,弹出"毛坯几何体"对话框。在"类型"下拉列表中选择"包容圆柱体","指定矢量"选择 X 轴,单击"确定",完成几何体创建,如图 3-37 所示。

图 3-37　指定 W1 几何体的毛坯

- WORKPIECE 几何体 W2 的创建

复制节点 W1,并在 MCS_MILL 节点下内部粘贴,重命名为"W2"。双击节点 W2,在"工件"对话框中单击"指定部件"按钮,弹出"部件几何体"对话框,按"Ctrl+L"键设置图层 1 为当前图层,选择双侧环道零件为部件几何体,如图 3-38 所示。

5. 设置加工方法

加工方法设置,如图 3-39 所示。

3.4.2　铣削粗加工程序编制

首先创建"型腔铣"工序,使用 D10 平底立铣刀一次开粗中部大部分开放区域,接着使用 D6 铣刀二次开粗小区域和四边斜角区域,完成四轴定向粗加工工序,最后通过联动加工进行两个槽道的开粗。

中部特征
一次开粗

1. 方形凸台定向开粗加工（型腔铣）

（1）创建加工程序:型腔铣　点击"创建工序",弹出"创建工序"对话框。在"类型"下拉列表中选择"mill_contour","工序子类型"选择"型腔铣","程序"选择"开粗加工"，"刀具"选择"D10"，"几何体"选择"W1"，"方法"选择"MILL_ROUGH"，如图3-40 所示。

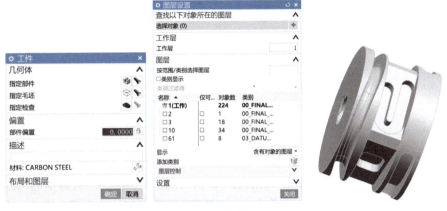

图 3-38　工件 W2 的创建

图 3-39　加工方法的设置

（2）"型腔铣"程序设置

• 设置几何体。几何体参数为默认设置，如图 3-41 所示。

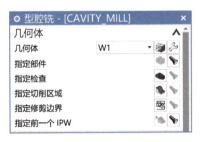

图 3-40　插入型腔铣工序　　　　图 3-41　设置几何体参数

• 设置刀轴。"刀轴"设置为"指定矢量"，选择"面/平面法向"，对应面选择方形凸台面如图 3-42 所示。

• 刀轨设置-基本设置。"切削模式"选择"跟随周边"，"步距"选择"% 刀具平直"，

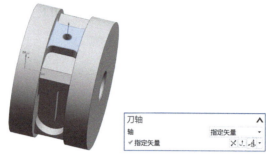

图 3-42　设置刀轴

"平面直径百分比"选择为"60%","公共每刀切削深度"为恒定,最大距离为 1 mm。

　● 刀轨设置-切削层设置。单击"切削层" 📝 ,在弹出的"切削层"对话框的"范围定义"栏中选择方形凸台上表面为加工面,单击"添加新集"选择"底面"为新集。分 2 个切削层选择,可以使方形凸台上表面第一层开粗余量均匀,其他参数默认设置,如图 3-43 所示。

图 3-43　几何体参数设置和检查体

　● 刀轨设置-切削参数设置。

　● 刀轨设置-非切削移动设置。参数设置如图 3-44 所示。

图 3-44　非切削移动设置

● 刀轨设置–进给率与速度。单击"刀轨设置"栏内的"进给率和速度"⊕，进入"进给率和速度"对话框，在"主轴速度"栏和"进给率"栏内分别设置 4 500 r/min 和 2 000 mm/min，并单击"计算"▣，其他参数默认设置。

● 生成刀路轨迹。在"操作"栏内，单击"生成"⊯，生成的型腔铣刀路，如图 3-45 所示。

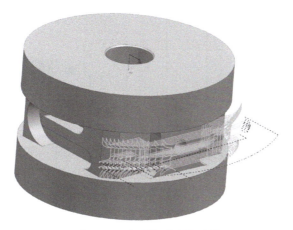

图 3-45　生成的型腔铣刀路

提示：

　　型腔铣：使用范围非常广泛，是基于零件的几何体来计算生成刀路的，必须指定部件和毛坯几何体，生成的刀路安全可靠。 可以加工零件的垂直或者不垂直侧壁、底面、型腔、曲面等，常用于大部分零件的粗加工。

　　切削参数中的"策略"："深度优先"是相对于"层优先"而言的，可以优先加工一区域，再加工另一区域，减少移刀轨迹，提高加工效率。 工序中的方形凸台两侧均有深度6 mm 的切削区域，按"深度优先"原则先加工一侧，再加工另一侧，从而提高了加工效率。

　　切削参数中的"拐角"：当应用光顺刀轨拐角，为所有拐角添加圆角可避免方向突然改变导致机床和刀具应力过大，有利于保护机床和刀具。 当进行精加工工序时，一般选择"所有刀路（最后一个除外）"，如图 3-46 所示。

(a) 未光顺刀路　　　　(b) 光顺后刀路　　　(c) 光顺刀路(最后一个除外)

图 3-46　光顺刀路示意图

　　切削参数中的"空间范围"："使用 3D"选项，创建 3D 小平面体以表示剩余材料，在后续的工序中可以继承当前型腔铣完成后的过程工件 In-Process Workpiece（IPW）为毛坯，有利于后续工序减少空刀，所以型腔铣一般勾选此选项。

> 　　非切削移动中的"转移/快速"："转移类型"为"前一平面"，可减少每次切削层下
> 刀时的刀具抬刀距离，其具体移动轨迹如图 3-47 所示。所有移动都返回到前一切削层
> 平面的安全高度，工序中的切削层高度为 1 mm，安全高度为 3 mm，此层可以安全传刀以
> 使刀具沿平面移动到新的切削区域。如果前一层均不安全，则使用自动安全设置定义。

图 3-47　"转移类型"为"前一平面"

2. 🏃 中部方形其他特征的定向开粗加工(型腔铣)

其他中部特征均可采用"型腔铣"来实现特征的定向开粗加工。需要更改"刀轴""切削层"选项中的加工底面。中部斜角特征的加工，选定斜角平面即可。为保证第一层高度余量的均匀性，中部其他 3 个面中均选择两个不同底面为切削层，相关设置和创建的刀路，见表 3-3。

表 3-3　其他中部特征的定向开粗设置

刀轴矢量(平面法向)	切削层设置	加工刀路
		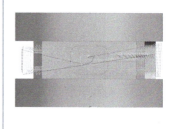
	范围定义 ∧ 选择对象 (1) + 范围深度　　　4.0000 测量开始位置　　顶层 每刀切削深度　　1.0000 添加新集 列表 ∧ 范 范… 每… 1 4.00… 1.00… 2 10.0… 1.00…	
	范围定义 ∧ 选择对象 (1) + 范围深度　　　12.5000 测量开始位置　　顶层 每刀切削深度　　1.0000 添加新集 列表 ∧ 范 范… 每… 1 12.5… 1.00… 2 17.0… 1.00…	

续表

刀轴矢量(平面法向)	切削层设置	加工刀路
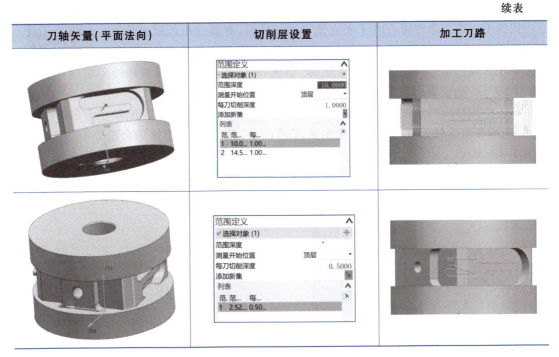		

仿真验证刀路。选中已经创建的开粗工序,然后右击选择"刀轨"子选项中的"确认刀轨" ，进行加工仿真。在"刀轨可视化"对话框中,选择"3D 动态"并单击"播放" ，进行加工刀路模拟仿真,定向一次开粗刀路与仿真结果,如图 3-48 所示。在对话框中,选择"分析"可以对剩余毛坯进行分析。

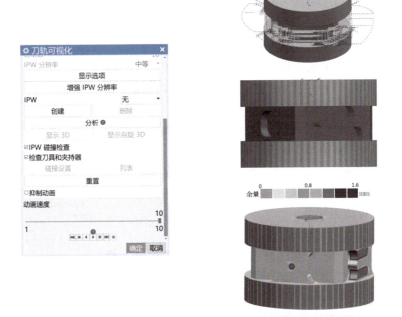

图 3-48　定向一次开粗刀路与仿真结果

3. 四面特征残料定向二次开粗加工(型腔铣)

因为上一道工序使用 D10 平底立铣刀进行开粗,有部分小区域刀具无法进入生成刀路,所以要创建"型腔铣"工序,使用 D6 平底立铣刀进行二次开粗加工狭小区域。此外,在型腔铣工序中的"切削参数–空间范围"设置选择了"使用 3D"命令,会继承上一步"过程工件"作为毛坯。

中部特征
二次开粗

(1)中部特征的余量分布　由于 D10 平底立铣刀无法加工 R4 圆角,所示方形凸台的圆角通过 D6 平底立铣刀进行二次开粗加工,T 形凸台、封闭槽、矩形槽的余量分布与之同理,如图 3–49 所示。

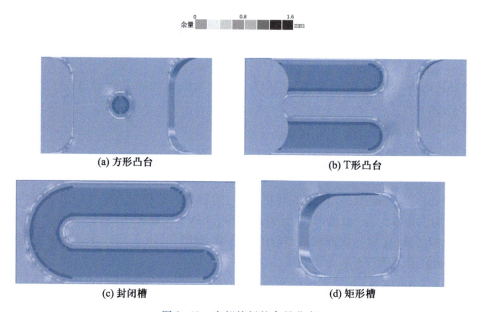

余量　0　0.8　1.6 mm

(a) 方形凸台　　　　　　(b) T形凸台

(c) 封闭槽　　　　　　(d) 矩形槽

图 3–49　中部特征的余量分布

(2)中部特征的二次开粗工序创建与设置

复制对应特征 D10 平底立铣刀一次开粗中"型腔铣"工序,内部粘贴至"开粗加工"程序组内,更改相关参数,具体操作如图 3–50 所示。

更改"刀具"为"D6","切削层"中"最大距离"设置为"0.500 0 mm"。"主轴速度"栏和"进给率"栏分别设置为5 500 r/min 和 1 500 mm/min,完成二次开粗工序的创建。中部特征二次开粗刀路,如图 3–51 所示,图中可见刀路的拐角较多,因此进给速度可适当降低。

4.  螺旋槽联动开粗加工(可变轮廓铣)

(1)创建辅助面　在菜单栏中,选择曲线中的"在面上偏置曲线"  命令,其中"曲线"选择螺旋槽底平面上下任一闭合曲线,"偏置"设为 1 mm,"平面"选择螺旋槽底面,得到辅助线(居于底平面中线的环绕曲线);选择曲面中的"规律延伸" ,其中"曲线"选择刚创

图 3–50　中部特征二次开粗
"型腔铣"对话框设置

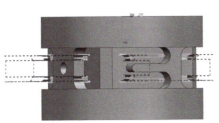
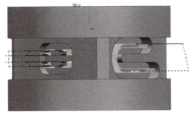

螺旋槽
开粗加工

图 3-51 中部特征二次开粗刀路

建的辅助线,"面"选择底平面,延伸距离为 10.2 mm,角度为 90°,完成辅助面的创建,如图 3-52 所示。

(2) 创建加工程序:可变轮廓铣 单击"创建工序" ,弹出"创建工序"对话框。在"类型"下拉列表中选择"mill_multi-axis",在"工序子类型"中选择"可变轮廓铣" ,"程序"选择"开粗加工","刀具"选择"D6","几何体"选择"MCS_MILL",然后单击"确定",完成可变轮廓铣工序的创建。

(3) "可变轮廓铣"程序设置

● 设置几何体。"几何体"选择"MCS_MILL",仅保留坐标系和安全平面(此设置无部件几何体干扰,计算速度较快)。设置检查体,选择螺旋槽内表面曲面为检查曲面,如图 3-53 所示。

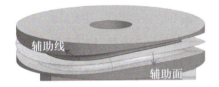

图 3-52 创建的辅助面

图 3-53 设置几何体

螺旋槽
辅助面

● 设置驱动方法。"驱动方法"选择"曲面区域",可以在这一"驱动曲面"栅格中,生成驱动点阵列。单击"编辑" 进入"曲面区域驱动方法"选择界面。

在驱动几何体栏单击"指定驱动几何体" ,选择创建完成的辅助面为加工曲面;"切削区域"选择"曲面%",单击进入"曲面百分比方法"对话框,其中结束步长的数值,需要通过多次调试获得,应使刀路无跳刀,可防止产生过切,如图 3-54 所示;"刀具位置"选择"对中";单击"切削方向" 设置切削方向,选择图 3-55 所示为切削方向,单击 可切换材料方向。

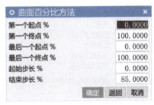

曲面百分比方法	
第一个起点 %	0.0000
第一个终点 %	100.0000
最后一个起点 %	0.0000
最后一个终点 %	100.0000
起始步长 %	0.0000
结束步长 %	85.0000

确定 返回 取消

图 3-54 曲面百分比设置

在"驱动设置"栏内"切削模式"选择 "螺旋",可以减少进退刀次数;"步距"选择"数量","步距数"设置为"20",其他参数默认设置,单击"确定"完成设置,如图 3-56 所示。

● 设置投影矢量。"投影矢量"为默认设置。由于该工序几何体为 MCS_MILL,无部件几何体,因而投影矢量不起作用。

● 设置刀轴。"轴"选择"远离直线"。这一直线为"工件旋转中心轴线","可变刀轴"沿中心轴线移动和旋转,且与中心轴线保持垂直。

图 3-55　选择切削方向

图 3-56　曲面区域驱动设置

● 刀轨设置-切削参数设置。单击"切削参数"按钮，进入"切削参数"对话框，如图 3-57 所示。"余量"栏内"部件余量"设置为 0.15，"安全设置"栏内"检查几何体"栏中的"检查安全距离"设置为"0.000 0 mm"，以使加工至螺旋槽底面留 0.15 mm 余量。

● 刀轨设置-非切削移动设置。单击"非切削移动"按钮，进入"非切削移动"对话框。"进刀"栏内"开放区域"中的"进刀类型"设置为"圆弧-平行于刀轴"；"退刀"栏内"开放区域"中

图 3-57　切削参数

的"退刀类型"设置为"抬刀"，"高度"设置为"20.000 0% 刀具直径"；"转移/快速"栏内"公共安全设置"中的"安全设置选项"设置为"使用继承的"，其他参数默认设置，如图 3-58 所示。

图 3-58　非切削移动设置

● 刀轨设置-进给率与速度。主轴转速设置为 5 500 r/min、进给率设置为 1 500 mm/min，其他参数默认设置。

● 生成刀路轨迹。在"操作"栏内，单击"生成"按钮，生成刀路轨迹，可变轮廓铣开粗刀路与仿真结果，如图 3-59 所示。

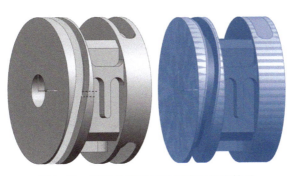

图 3-59 可变轮廓铣开粗刀路与仿真结果

提示：

可变轮廓铣：主要的多轴加工工序命令，可以精确地控制刀轴和投影矢量，使刀具沿着复杂的曲面、曲线运动，刀具的移动受驱动点、投影矢量、刀轴共同控制。在本次工序中通过创建辅助面，使用"曲面区域"创建加工流道刀路（驱动点），可以使刀具螺旋切削，提高了加工效率，无投影矢量，所以驱动刀路（驱动点）即为刀轨。

驱动方法："驱动方法"定义了创建刀轨所需的驱动点。驱动方法可以沿一条曲线创建一串驱动点，也可以在边界内或在所选曲面上创建驱动点阵列。驱动点一旦定义，就可用于创建刀轨。如果没有选择"部件"几何体，则刀轨直接从"驱动点"创建，否则，驱动点投影到部件表面以创建刀轨。驱动方法有曲面区域、曲线/点、引导曲线、外形轮廓铣、螺旋、边界、流线、刀轨、径向切削等。曲面、曲线驱动最为常用，可变轮廓铣工序中的驱动方法与曲面驱动示意图如图 3-60 所示。

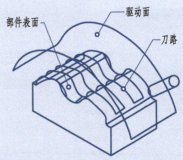

图 3-60 驱动方法与曲面驱动示意图

投影矢量：用于驱动点的投影方向。"投影矢量"是大多数"驱动方法"的公共选项。用于确定"驱动点"投影到"部件表面"的方式。如果没有选择"部件"几何体，投影矢量不起作用。投影矢量示意图如图 3-61 所示。

刀轴：刀轴是一个矢量，它的方向从刀尖指向刀柄。相对于"固定刀轴"，"可变刀轴"的刀具沿刀具路径移动时，可不断改变方向。驱动点在投影矢量方向上形成的轨迹点为刀具刀尖位置，刀具的姿态则由"可变刀轴"决定，这样刀具的位姿才可确定下来。刀轴选项依赖于驱动方法，主要有远离点、远离直线、朝向直线、相对于矢量、相对于部件、垂直于部件、插补矢量、插补角度至部件等，固定刀轴与可变刀轴示意图，如图 3-62 所示。

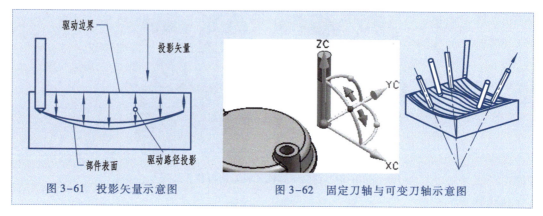

图 3-61　投影矢量示意图　　　　　　图 3-62　固定刀轴与可变刀轴示意图

5. U 形槽联动开粗加工（可变轮廓铣—外形轮廓铣驱动）

（1）创建加工程序：可变轮廓铣　创建"可变轮廓铣"工序，其设置如图 3-63 所示。

（2）"可变轮廓铣"程序设置

U 形槽
开粗加工

● 设置驱动方法。"驱动方法"选择"外形轮廓铣"。单击"编辑" 进入到"外形轮廓铣驱动方法"对话框，"切削起点"中的"延伸距离"设置为"1"，"切削终点"中的"延伸距离"设置为"1"。进退刀各自延长 1 mm 形成重叠刀路，有利于提高加工表面质量，减少进退刀痕迹。

● 设置几何体。"几何体"选择"W2"，"指定底面"选择 U 形槽底面，"指定壁"选择 U 形槽内壁，取消勾选"自动壁"选项，其他默认设置，如图 3-64 所示。

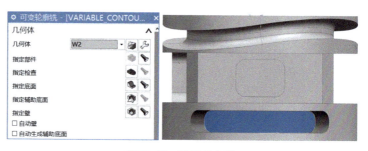

图 3-63　插入可变轮廓铣工序　　　　　图 3-64　设置几何体

● 设置投影矢量。"投影矢量"选择"刀轴"。

● 设置刀轴。"刀轴"选择"自动"。

● 刀轨设置-切削参数设置。单击"切削参数" ，进入"切削参数"对话框，"策略"栏内切削方向选择"顺铣"；"多刀路"栏内勾选"多重深度"，"深度余量偏置"和"增量"分别设置为"10.000 0"和"0.500 0"；"余量"栏内勾选"使用与壁相同的底面余量"，"壁余量"设置为"0.300 0"；其他参数默认设置，如图 3-65 所示。

● 刀轨设置-非切削移动设置。单击"非切削移动" ，进入"非切削移动"对话框。"进刀"栏内的"进刀类型"设置为"圆弧-平行于刀轴"，"半径"设置为"50.000 0% 刀具直径"，避免进刀时垂直下刀发生"踩刀"现象,可减少刀具损伤。"转移/快速"栏内"公共安全设置"中的"安全设置选项"设置为"使用继承的",其他参数默认设置,如图 3-66 所示。

图 3-65 切削参数设置

图 3-66 非切削移动设置

• 刀轨设置-进给率与速度。主轴转速设置为 5 500 r/min 和进给率设置为 1 500 mm/min,其他参数默认设置。

• 生成刀路轨迹。在"操作"栏内单击"生成" ▶,生成刀路。可变轮廓铣粗加工 U 形槽刀路创建完成,其刀路与仿真结果如图 3-67 所示。另一侧 U 形槽的工序创建与之相同,不再赘述。

图 3-67 U 形槽刀路与仿真结果

3.4.3 铣削半精加工与精加工程序编制

首先通过"底壁铣"工序,对四面特征进行定向精加工,接着创建"可变轮廓铣"工序,使用 D6 铣刀和 R3 球头刀对螺旋槽精加工,最后创建"外形轮廓铣"工序,精加工对称 U 形槽。

当采用同一把刀具对某一特征的进行半精与精加工时,其余量设置可在软件中逐一设置,也可以用具有刀补功能的精加工程序在机床数控统中设置刀具补偿值(刀具磨损),预留半精加工余量。实际加工时的精度管控,可以通过修改加工余量和刀具补偿值(刀具磨损)两种方法实现。

四面特征中的
平面精加工

1. 四面特征中的平面定向精加工(底壁铣)

(1)创建加工程序:底壁铣

单击"创建工序",选择 mill_planar 加工类型,程序选择"半精加工",刀具选择"D6 精",几何体选择"W1",方法选择"MILL_SEMI_FINISH"。

(2)"底壁铣"程序设置

● 设置几何体-指定切削区底面与壁几何体。单击"指定切削区底面",选择要定义为切削区域的面,选择"指定壁几何体",指定圆弧矩形槽的侧壁为要加工的面,如图 3-68 所示。

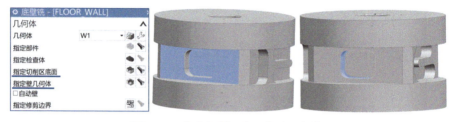

图 3-68　指定切削区底面与壁几何体

● 设置刀轴。"轴"设为"垂直于第一个面"。

● 刀轨设置-基本设置。"切削区域空间范围"选择"底面","切削模式"选择"跟随周边","步距"选择"恒定","最大距离"设置为"65.000 0% 刀具直径","底面毛坯厚度"设置为"3.000 0",如图 3-69 所示。

● 刀轨设置-切削参数设置。单击"刀轨设置"栏内的"切削参数",进入到"切削参数"对话框,如图 3-70 所示。

"策略"栏内"刀路方向"选择"向内";"余量"栏内余量设置为 0.1;"拐角"栏内"光顺"选择"所有刀路(最后一个除外)","半径"设置为"10.000 0% 刀具直径","空间范围"栏内"切削区域"内"刀具延展量"设为"100.000 0% 刀具直径"。

图 3-69　刀轨基本设置

图 3-70　切削参数设置

● 刀轨设置-非切削移动设置。单击"刀轨设置"栏内的"非切削移动",进入"非切削移动"对话框,如图 3-71 所示。

图 3-71 非切削移动设置

在"进刀"栏内"封闭区域"的"进刀类型"设置为"沿形状斜进刀","斜坡角度"设置为"2.000 0","高度"设置为"1.000 0 mm","最小安全距离"设置为"0.000 0 mm"。"开放区域"内"进刀类型"为"圆弧","半径"设置为"10.000 0% 刀具直径","高度"是下刀点到最高加工平面的距离设置为"1.000 0 mm","最小安全距离"设置为"1.000 0 mm"。在"转移/快速"栏内把"区域内"的"转移类型"设置为"前一平面",其他参数默认即可。

• 刀轨设置–进给率与速度设置。单击"刀轨设置"栏内的"进给率和速度" ,进入"进给率和速度"对话框,"主轴速度"栏和"进给率"栏分别设置为 6 500 r/min 和 1 000 mm/min,并单击"计算" ,其他参数默认设置。

• 生成刀路轨迹。在"操作"栏内,单击"生成" ,生成刀路轨迹。其他面和此工序创建方法相同,生成的半精加工刀路,如图 3-72 所示。

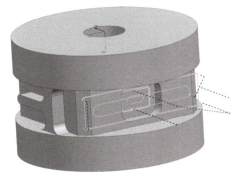

图 3-72 生成的半精加工刀路

（3）精加工工序创建 复制上述工序,并内部粘贴到"精加工"程序组中。

修改"刀轨"栏中的"方法"为"MILL_FINISHI",根据图样给定的尺寸公差设置余量"切削参数"中的部件余量设置为 0,壁余量设置为 –0.005,底面余量设置为 0。

（4）中部方形特征中,其他面的精加工程序与此工序相同,均可采用"底壁铣"这一方法来实现特征的精加工,只要对几何体设置中的"指定切削区底面" 进行更改即可,其设置见表 3-4。此外,对于非对称公差带,可通过余量设置或者模型修改的方法,获得精加工尺寸,设置方法与圆角矩形槽的设置方法相同。由于矩形槽表面有较高的粗糙度要求,因此其底壁铣精加工工序的进给率设置为 600 mm/min。

表 3-4 其他侧面"底壁铣"设置

特征	选择的切削区底面	生成刀路	公差设置
方形凸台			部件余量:0 壁余量:–0.012 5

101

续表

特征	选择的切削区底面	生成刀路	公差设置
封闭 U 形槽			部件余量:0 壁余量:0
T 型 凸台			部件余量:0 壁余量:0
倒角			部件余量:0 壁余量:0

（5）仿真验证刀路　选中已经创建的定向半精加工和精加工工序程序,单击"确认刀轨"，在刀轨界面选择"3D 动态"进行刀轨仿真,其刀路与仿真结果如图 3-73 所示。

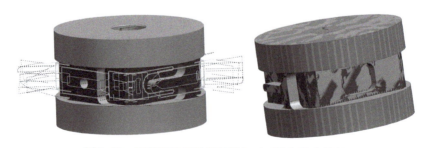

图 3-73　双侧环道四周特征精加工刀路与仿真结果

✏️ 提示：

余量设置与尺寸精度控制：加工带有单向公差尺寸的特征时，会很自然地想到，可以通过控制刀路使加工结果接近尺寸公差带中值。在本次工序的定向精加工圆角矩形槽特征中，槽长为 $20_{0}^{+0.021}$，槽宽为 $15_{0}^{+0.021}$，为使理论上保证这一加工精度，可以通过下列方式实现：① 编程设置加工负余量，使几何尺寸到公差带中值；② 使用"同步建模"等方法，修改模型几何参数，从而移动公差带至对称公差，使模型尺寸到达公差带中值。

此外，实际加工时，由于丝杠间隙误差、刀具径向跳动误差、刀具磨损、刀具让刀、工件变形等情况，实际加工出的尺寸值并不一定在公差范围内。这时在半精加工后，需要进行尺寸测量，如果不在预定的尺寸范围内，需要在精加工时对余量进行补偿。

以本次圆角矩形槽尺寸为例，侧壁半精加工余量设置为 0.05，精加工余量设置为 −0.005。在半精加工结束后，需要测量矩形槽尺寸；由于是用同一把刀具进行的半精加工与精加工，因此，产生的加工误差可以通过机床上的修改刀具半径补偿（刀具半径磨损）或者编程软件中的修改余量设置来补偿。如采用后者，则侧壁的精加工余量设置值 =−0.005+误差补偿值。

由于槽的尺寸为 $20_{0}^{+0.021}$、$15_{0}^{+0.021}$，尺寸精度为 IT7 级，要求较高，对于精度一般的机床，可增加半精加工次数，比如第一次半精加工侧壁余量设置为 0.1，二次半精加工设置为 0.05，最后精加工设置为 −0.005，以确保加工精度。此外，保证尺寸精度需要刀具径向跳动（刀摆）稳定。

企业生产时，提供的数字模型一般不带有公差尺寸。因此在余量设置时，需要将单向公差值考虑在内；也可以通过修改几何，从而在余量设置时不需要考虑单向公差带来的计算。在零件批量生产时，需要考虑刀具磨损等因素，一般可通过修改刀具半径补偿来实现零件尺寸精度。

2. ⚡螺旋槽侧壁联动精加工（可变轮廓铣—曲面驱动）

螺旋槽经 D6 平底立铣刀粗加工完成后，在螺旋槽侧壁留有 1 mm 的单边余量，同时底部有 R3 圆角未加工，可通过 R3 球头刀完成螺旋槽的侧壁和底部圆角的精加工。

螺旋槽侧壁
精加工

（1）创建加工程序：可变轮廓铣 复制"螺旋槽联动开粗工序"，"刀具"选择"R3"，"几何体"选择"W2"，相同设置不再叙述，需修改以下参数。

（2）"可变轮廓铣"的程序修改设置

• 设置驱动方法。单击"指定驱动几何体" ◈，选择螺旋槽的侧壁为加工曲面，"刀具位置"设置为"相切"；"偏置"栏内"曲面偏置"设置为"0.100 0"，如图 3-74 所示。

图 3-74 驱动曲面与偏置设置

"曲面百分比方法"参数、"切削方向"和"材料方向"设置如图 3-75 所示。

图 3-75　曲面百分比方法、切削方向、材料方向

"驱动设置"栏内"切削模式"选择 ⊝ "螺旋"。"步距"选择"数量","步距数"设置为"15",如图 3-76 所示。"更多"栏内"切削步长"选择"公差","内公差"设置为"0.010 0","外公差"设置为"0.010 0",步长越小,创建的驱动点越多,驱动轨迹越能准确跟随部件几何体的轮廓,一般应在精加工时使用。

图 3-76　驱动设置与内外公差

• 刀轨设置-进给率与速度。主轴转速设置为 6 500 r/min 和进给率设置为 1 000 mm/min,其他参数默认设置。在"操作"栏内,单击"生成" ⊫ ,生成刀路。螺旋槽另一侧边的加工工序方法与之相同。可变轮廓铣精加工螺旋槽双侧侧壁刀路创建完成,生成的螺旋槽精加工刀路如图 3-77 所示。

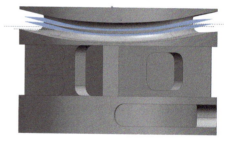

图 3-77　生成的螺旋槽精加工刀路

（3）精加工工序创建　复制这一工序,并内部粘贴到"精加工"程序组中。

修改"刀轨"栏中的"方法"为" MILL_FIN-ISHI ";此螺旋槽尺寸为 $8^{+0.058}_{0}$,尺寸公差带中值为 8.029,螺旋槽单边需偏置 0.014 5。在驱动方法设置中的"偏置"栏中"曲面偏置"设置为"-0.014 5",使其螺旋槽宽单边扩大 0.014 5,以保证加工尺寸精度。从而完成精加工工序的创建。

3. ⚒ 螺旋槽底部曲面联动精加工（可变轮廓铣—引导曲线驱动）

螺旋槽底部经 D6 立铣刀粗加工完成后,圆弧槽底部的圆弧形几何形状,D6 立铣刀无法进刀,留有 2 mm 宽的平直柱面残料,该余量可通过 R3 球头刀完成螺旋槽底部的精加工。由于螺旋槽深度尺寸为自由公差,可以直接精加工完成这一特征的加工。

螺旋槽底部
曲面

（1）创建加工程序:可变轮廓铣　复制"螺旋槽侧壁精加工"工序,"几何体"设置为"W2",需修改相关参数设置。

（2）"可变轮廓铣"的程序修改设置

• 设置几何体。几何体选项中,选择"W2"为加工几何体,同时在"指定切削区域"中,选择螺旋槽底平面,如图 3-78 所示。

图 3-78 几何体设置

● 设置驱动方法。"方法"选择"引导曲线",单击"编辑" 进入"引导曲线驱动方法"对话框。

"驱动几何体"栏内"模式类型"选择"变形","引导曲线"选择槽底平面交线,通过添加新集的方式,添加两条引导线,如图 3-79 所示。

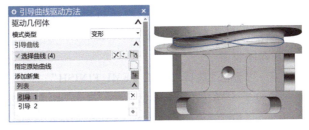

图 3-79 引导曲线设置

"切削"栏内"切削模式"选择 <image_inline /> "螺旋","切削方向"选择"沿引导线","切削顺序"选择"从引导线 1",其他参数如图 3-80 所示。

● 刀轨设置-切削参数设置。部件余量设置为 0,其他参数默认设置。

● 刀轨设置-非切削移动设置。单击"刀轨设置"栏内"非切削移动" <image_inline />,进入"非切削移动"对话框,在"公共安全设置"栏内"安全设置选项"选择"使用继承的"。其他参数默认设置,如图 3-81 所示。

图 3-80 引导曲线驱动方法

图 3-81 非切削移动设置

● 刀轨设置-进给率与速度。主轴转速设置为 6 500 r/min、进给率设置为 1 000 mm/min,并单击"计算" <image_inline />,其他参数默认设置。

● **生成刀路轨迹**。在"操作"栏内,单击"生成" ，生成的螺旋槽底部刀路,如图 3-82 所示。

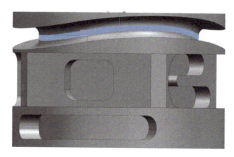

图 3-82　生成的螺旋槽底部刀路

4. U 形槽侧壁联动精加工(可变轮廓铣—外形轮廓铣驱动)

U 形槽精加工

(1)创建加工程序:可变轮廓铣　复制"U 形槽联动开粗"工序,并内部粘贴到"半精加工"程序组,需修改的参数说明如下。

(2)"可变轮廓铣"的程序设置

● **刀轨设置-方法设置**。"方法"选择"MILL_SEMI_FINISH"。

● **刀轨设置-切削参数设置**。单击"切削参数" ，进入"切削参数"对话框,如图 3-83 所示。

图 3-83　切削参数设置

"余量"栏内勾选"使用与壁相同的底面余量","壁余量"设置为"0.100 0";"多刀路"栏内"多条侧刀路"中勾选"多条侧刀路","侧面余量偏置"和"增量"分别设置为"2.000 0"和"1.000 0";"多刀路"栏内的"多重深度"中勾选"多重深度","深度余量偏置"和"增量"分别设置为"10.000 0"和"3.000 0",其他参数默认设置。

● **刀轨设置-进给率与速度**。主轴转速设置为 6 500 r/min 和进给率设置为 1 000 mm/min,其他参数默认设置。在"操作"栏内,单击"生成" ,生成 U 形槽刀路,如图 3-84 所示。

(3)精加工工序创建　复制上述工序,并内部粘贴到"精加工"程序组中。修改"刀轨"栏中的"方法"为"MILL_FIN-ISHI","切削参数"中的"壁余量"设置为 0(可根据实际半精加工后的测量情况调整),复制上述工序,修改"几何体"设置,完成另一侧 U 形槽的精加工。

图 3-84　U 形槽刀路

5. U形槽底面联动精加工(可变轮廓铣—曲线驱动)

通过分析"确认刀轨"中的余量发现,在U形槽底面两侧拐角处有少许加工残余,可通过可变轮廓铣工序(曲线驱动)对其进行进一步精加工。

(1) 创建辅助线(驱动线) 在建模模块下,通过菜单栏中设置曲线组内的"派生曲线"子选项"在面上偏置曲线" ,其中"曲线"选择U形槽底面边界线,"偏置"设为3.02 mm(避免加工侧壁),"平面"选择U形槽底面,得到偏置曲线;设置曲线组内的"编辑曲线"子选项"分割曲线" ,"曲线"选择得到的偏置曲线中的一条样条线,其他为默认,完成辅助线的创建。

(2) 创建加工程序:可变轮廓铣 在精加工程序组内,插入工序,选择可变轮廓铣,刀具选择"D6 精","几何体"选择"MCS_MILL",单击确认。

(3) "可变轮廓铣"程序设置

• 设置驱动方法。驱动方法栏中选择"曲线/点","驱动几何体"选择刚创建的辅助线,其中方向箭头起点为分割曲线的分割点。

• 设置刀轴。刀轴选择"远离直线",轴线选择外圆回转中心线。

• 刀轨设置−非切削移动设置。在非切削移动栏中,"转移/快速"栏中的"安全设置选项"选择使用继承的,其他为默认。

• 刀轨设置−进给率与速度。主轴转速设置为6500r/min,进给率设置为1 000 mm/min。

完成工序创建,辅助线与加工刀路如图3-85所示,相同方法完成另一侧U形槽底面精加工。注意,辅助线经分割后,在槽中部进退刀,从而避免产生过切。非切削移动中,"进刀"栏的进刀类型选择"插削"时,则可以不分割曲线,读者可以做对比分析。

6. 半精加工与精加工刀路仿真与验证

仿真验证刀路。

单击选中已经创建的半精加工与精加工工序,然后右击选择"刀轨"子选项中的"确认刀轨" ,进行加工仿真。在"刀轨可视化"对话框中选择"3D 动态"并单击"播放" ,进行加工刀路模拟仿真,精加工刀路加工仿真结果如图3-86所示。

图3-85 辅助线与加工刀路

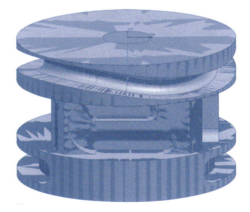

图3-86 联动加工仿真结果

3.4.4 钻孔−铰孔−倒角加工程序编制

1. 钻孔

(1) 创建加工程序:钻孔,如图3-87所示。

107

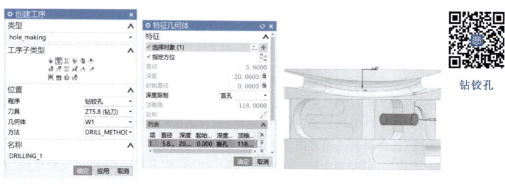

钻铰孔

图 3-87　指定孔特征

（2）"钻孔"的程序设置

• 设置几何体-指定特征几何体。单击"指定几何体"按钮 ，进入到"特征几何体"界面。单击"选择"按钮选择要加工的孔特征，然后单击"确定"，完成孔的选择，如图 3-84 所示。

• 刀轨设置-基本设置。在"循环"选择"钻，深孔"，单击"编辑参数" ，进入"循环参数"对话框。其中"步进"栏内选择"恒定"，最大距离设置为 4。

• 刀轨设置-进给率与速度。单击"刀轨设置"栏内的"进给率和速度" ，进入"进给率和速度"对话框，"主轴速度"栏和"进给率"栏分别设置为 1 500 rpm 和 100 mmpm。

• 生成刀路轨迹。在"操作"栏内，单击"生成" ，生成的钻孔刀路如图 3-88 所示。

2. 铰孔

复制"钻孔"工序，"刀具"选择"JD6"。在"循环"栏内选择"钻"，如图 3-89 所示。主轴转速设为 800 r/min 和进给率为 50 mm/min。在"操作"栏内，单击"生成"按钮 ，生成刀路。

图 3-88　生成的钻孔刀路

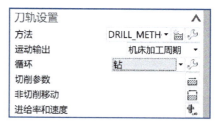

图 3-89　铰孔刀轨设置

3. 倒角

（1）创建加工程序：平面轮廓铣　在 mill_planar 下的工序子类型中选择"平面轮廓铣"命令，选择"倒角"程序组，刀具选择 DJ8 倒角刀，其他为默认。

（2）"平面轮廓铣"程序设置

• 设置几何体-指定部件边界与底面。指定部件边界与底面的参数设置，

倒角加工

108

如图 3-90、图 3-91 所示。

图 3-90　设置几何体与指定部件边界

图 3-91　指定底面

● 设置刀轴。"刀轴"设置为"垂直于底面"。

● 刀轨设置-非切削移动。

● 刀轨设置-进给率与速度。单击"刀轨设置"栏内"进给率和速度" ，进入"进给率和速度"对话框，"主轴速度"栏和"进给率"栏分别设置为 4 500 r/min 和 800 mm/min。

● 生成刀路轨迹。在"操作"栏内，单击"生成" ，生成刀路，生成的倒角刀路如图 3-92 所示。

依此方法，其他工件边缘可进行锐边倒角 C0.5。

3.4.5　仿真验证工序并输出程序

1. 仿真验证工序

全部加工工序创建完成后，选中全部程序组，在"工序导航器"中，单击"程序顺序视图" ，然后在"主页"中单击"确认刀轨" 进入软件仿真界面，单击"播放" ，进行过切检查及碰撞检查验证，结果无过切和加工残留为合格，如图 3-93 所示。

图 3-92　倒角加工

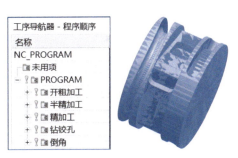

图 3-93　加工程序组和加工仿真结果

2. ⚙输出程序

验证无误后,分别按工序选中并右击"后处理"🔧,进行后处理输出,生成 NC 程序,如图 3-94 所示。

图 3-94　程序后处理过程

3.5　双侧环道零件的虚拟仿真与实际加工

完成零件的数控加工编程后,可以通过虚拟仿真软件进行虚拟加工仿真,验证加工过程中是否会发生碰撞与过切现象,现进行说明。

3.5.1　双侧环道零件的虚拟仿真验证

1. ⚙数控机床文件导入

(1)启动 Vericut9.0,单击菜单栏"文件"中的"新建项目",新建一个 VERI-CUT 文件,点选"毫米"选项,项目文件名为"双侧环道零件虚拟加工 . vcproject"。

(2)单击菜单栏"文件"中的"工作目录",选择合适的文件路径,完成工作目录的设置。

双侧环道零件
加工仿真

(3)单击菜单栏"视图"中的"版面",选择▢"双视图(水平)"模式。

(4)在"项目树"对话框中,"控制"选择"SKXT. xctl"作为仿真的数控系统;"机床"选择"BASIC_4AXIS_Vmill. mch"作为仿真的数控机床模型,如图 3-95 所示。

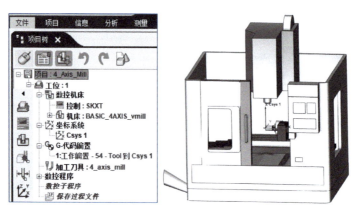

图 3-95　项目树设置与机床模型

2. 夹具与毛坯的装夹

在"项目树"对话框中,右击"Fixture",在菜单中选择"添加模型"→"模型文件"→"打开…"对话框,找到"卡盘护套 . stl"模型文件,单击"确定",导入到仿真环境中,如图 3-96 所示。夹具、毛坯的虚拟安装,摆正导入的模型的步骤与第 2 章中的相同。

最后,完成装配后的装夹示意图,如图 3-97 所示,卡盘、夹具等尺寸与位置参数应与实际加工尺寸基本一致。

3. 创建加工坐标系

步骤与第 2 章中的相同。

4. 创建加工刀具

步骤与第 2 章中的相同。

5. 数控加工仿真与切削过程演示

(1)导入数控程序 在"项目树"对话框中,双击"数控程序",弹出"数控程序"对话框,找到后处理出的程序,选中数控程序文件,单击"确定"按钮,完成数控程序的导入,如图3-98 所示。

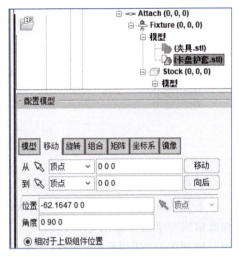

图 3-96 卡盘护套的虚拟安装

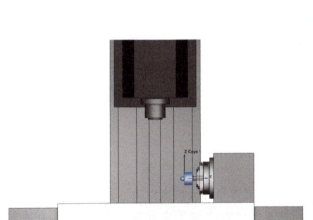

图 3-97 装夹示意图

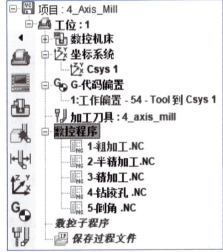

图 3-98 导入数控程序

(2)机床仿真操作 完成上述设置后,进行数控加工仿真,单击右下方控制栏中的"重置模型"，完成模型重置,然后单击"仿真到末端"，完成之后的虚拟加工仿真结果如图3-99 所示,根据模型颜色显示和"VERICUT 日志器"的提醒,查看有无碰撞和干涉。

3.5.2 双侧环道零件的加工

1. 机床准备

操作步骤与第 2 章中的基本相同。

111

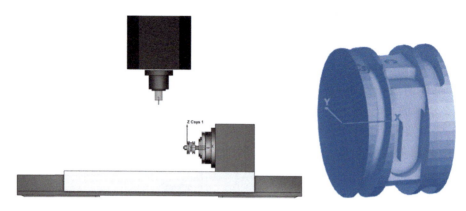

图 3-99　虚拟加工仿真结果

2. 装夹工件和刀具

（1）把毛坯和芯轴夹具等装配好后，通过六角螺母固定。

（2）把装配体的夹持端装入到机床的三爪自定心卡盘内，依据仿真分析结果，在工件右侧端面留出与卡盘足量的距离，防止加工时刀柄与卡盘干涉（如工件伸出较长，必要时可以采用四轴顶尖）。使用杠杆百分表测量工件直线度和外圆跳动以校正工件，使其和三爪自定心卡盘保持同轴，然后锁紧卡盘，完成工件的装夹，如图 3-100 所示。

图 3-100　装夹完成的工件

（3）按照表 2-8 中伸出刀长长度，依次装夹好各刀具。

3. 对刀操作

（1）X、Y 轴对刀：四轴加工机床 X、Y 轴手动对刀与五轴机床对刀方法基本相同。双侧环道零件加工坐标系的 X 轴零点设置在圆柱左侧端面、Y 轴零点设置在圆柱中心。在手轮模式下移动工件，首先使刀具中心线 X 坐标与工件圆柱左侧端面重合，记录机械坐标值至 G54 对应栏中；接着，前后移动工件通过两点分中的方式，使刀具中心线 Y 坐标与工件外圆中心重合，记录机械坐标值至 G54 对应栏中。常用的工具有机械偏心式寻边器、光电寻边器和 3D 寻边器等。

（2）Z 轴对刀：在四轴加工机床中，Z 轴手动对刀简要说明如下（以 G54 坐标系为例）：

• 方法 1：将 Z 值设定器放置在工作台面上，调用测量刀具，接着手轮移动刀具接触 Z 轴设定器并向下移动，使其表盘指针指向零位，记录当前位置的 Z 向机械坐标值（均为负值），输入至对应刀号的刀具长度补偿栏中，其他刀具均依此方法设置；在 G54 中的 Z 栏输入 A 轴回转中心线与 Z 轴设定器上表面之间的距离 ΔH（四轴机床回转中心到工作台面的距离已知,在此基础上减去 Z 值设定器的高度值,即可求得 ΔH)。

• 方法 2:将其中一把刀具作为基准刀(一般取最短刀具),将其刀具长度补偿值设置为 0;接着移动基准刀具接触 Z 值设定器,并向下移动使其表盘指针至零位,将当前位置的 Z 向机械坐标值与 ΔH 求和(求和后的机械坐标值为标准刀刀位点处于 $Z0$ 时的机械坐标值),并将结果输入到 G54 中的 Z 栏中;其他刀具长度补偿值为被测刀具与基准刀的长度差值,输入到刀具长度补偿栏中。

也可以采用第 2 章中华中五轴机床 Z 轴对刀的方法进行对刀。除手动对刀方法外,带有机内对刀仪或对刀测头等工具的机床,可依据机内程序自动完成对刀,其原理与上述手动对刀方法基本相同。

4. 双侧环道零件的实际加工

(1)将编制好的 NC 程序通过存储介质(U 盘、CF 卡)或者 DNC 在线传输方式,输入到机床的数控系统中进行加工。

(2)在加工过程中,应保证冷却液的开启,同时根据加工现场情况,可以适当调节主轴转速和进给倍率。

(3)对于有精度要求的尺寸,可以在所在工步精加工前、后分别测量,以判断零件加工精度情况。由于实际加工中存在振动、刀具磨损、对刀误差、工件变形等多种影响因素,测量得到的实际尺寸与理论值有可能存在偏差。根据实际测量尺寸与理论尺寸的差值情况,判断是否需要通过调整精加工参数(如余量设置)或修改机床刀具补偿值(刀具磨损值)等方法,使精加工尺寸达到精度要求。在工件拆装前,尽可能通过测量、修调零件以保证工件的尺寸加工精度。

(4)加工完成后,用气枪吹去零件表面残留切削液。轻取工件,注意不要刮伤零件表面。加工完成后的零件,如图 3-101 所示。

图 3-101 加工完成的零件

(5)零件加工完成后,可对零件进行三坐标测量,并校验尺寸。

3.6 实例小结

本章对双侧环道零件进行了三维建模并制定了加工工艺方案,对其进行了四轴定向和联动加工编程、仿真与实际加工。采用型腔铣、可变轮廓铣、外形轮廓铣等工序方法进行了开粗加工程序编制;通过底壁铣、可变轮廓铣、外形轮廓铣等工序方法完成了半精加工和精

113

加工程序编制;应用钻孔、铰孔和平面轮廓铣工序完成了零件的孔加工与倒角加工。

• 加工技巧。采用缠绕曲线、曲线偏置、分割面、加厚等命令完成了螺旋槽的结构的创建,多轴加工编程中需要创建辅助几何等建模功能,因此三维建模功能也应该熟练掌握。由于加工零件与第 2 章中的花型零件结构相似,因此零件的装夹方案、加工工艺路线等基本相同。创建辅助几何体可以使加工刀路光顺,减少跳刀等现象。型腔铣被广泛应用于开粗加工,对于多腔体结构采用切削,参数中的"深度优先"相对"层优先"的抬刀减少,可提高加工效率,而"拐角""空间范围""转移/快速"等编程设置与技巧需要编程人员通过生成刀路理解其含义,从而优化加工刀路。可变轮廓铣是主要的多轴加工工序,在驱动点、投影矢量、刀轴共同作用下实现刀具沿着曲面、曲线运动。螺旋槽采用了曲面和引导曲线驱动,"远离直线"的刀轴运动方式可进行四轴联动开粗与精加工;U 形槽采用外形轮廓铣工序加工,这一方法需指定底面和壁面,非常适合腔体壁面特征的联动开粗与精加工。

▶▶ 第4章
矩形方台零件的加工
实例

4.1　零件特征分析与任务说明

4.1.1　零件特征说明

如图 4-1 所示为矩形方台零件工程图。该零件在方形柱面上有孔、台阶、矩形槽,端面设有 U 形槽。根据零件特点,需四轴定向与联动加工。

加工要素中包括平面、垂直面、斜面、阶梯面、倒角、平面轮廓(型腔、岛屿)、曲面、孔等特征,为方便说明,对零件中的各位置特征进行简要分类和命名说明,如图 4-2 所示。

4.1.2　零件尺寸说明

根据图样尺寸标注,该零件的加工等级最高为:尺寸公差等级达 IT7 级,几何公差等级达 IT8 级,表面粗糙度值 Ra 达到 1.6 μm,均与考核大纲要求一致。零件尺寸中涉及的尺寸公差范围不同,对于公差等级精度要求较高的尺寸,应重点关注。矩形方台零件除自由公差外的零件精度列表见表 4-1。

4.1.3　任务说明

根据工作流程,需要依次完成以下任务:零件三维模型的建立、工艺规划与制定、数控编程、Vericut 仿真模拟、零件的实际加工。

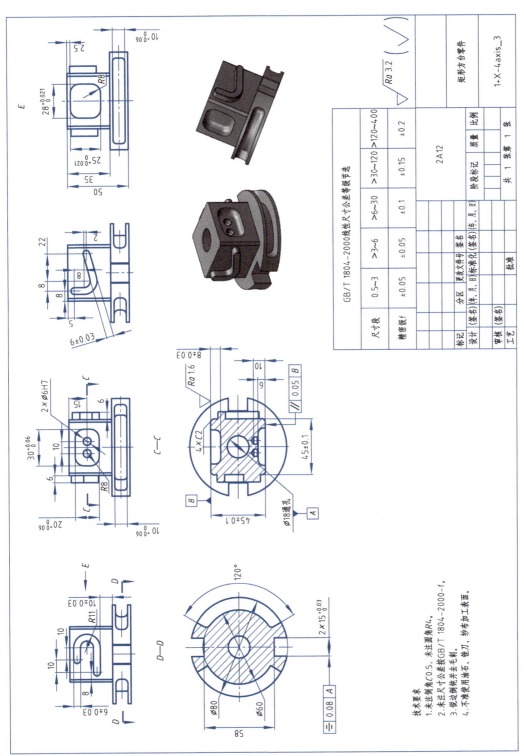

图 4-1 矩形方台零件工程图

技术要求
1.未注倒角C0.5，未注圆角R4。
2.未注尺寸公差按GB/T 1804—2000-f。
3.锐边倒钝并去毛刺。
4.不准使用油石、锉刀、纱布修饰加工表面。

117

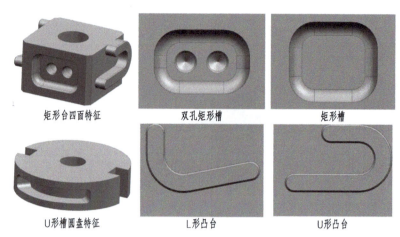

矩形台四面特征　　　双孔矩形槽　　　矩形槽

U形槽圆盘特征　　　L形凸台　　　U形凸台

图4-2 零件特征位置说明

表4-1 零件精度要求列表 　　　　　mm

尺寸公差	1	2×45±0.1		尺寸公差	6	10±0.03	
	2	8±0.03			7	$2×10^{+0.06}_{0}$	
	3	$2×15^{+0.03}_{0}$			8	2×6±0.03	
	4	$30^{+0.06}_{0}$			9	$28^{+0.021}_{0}$	IT7
	5	$20^{+0.06}_{0}$			10	$25^{+0.021}_{0}$	IT7
几何公差	1	平行度0.05	IT 8	几何公差	2	对称度0.08	

4.2 零件三维模型的建立

4.2.1 整体外形特征的建立

1. **U形槽圆盘座特征的建立**

（1）打开 UG NX12.0 软件新建"模型"，命名为"矩形方台"，单击"确定"进入建模环境，如图4-3所示。

（2）单击"草图" ⬚，进入草图绘制界面。按照工程图4-1中的尺寸，以与基准坐标系 *XOY* 平面平行的矩形台平面为草图平面，完成草图的绘制，如图4-4所示，具体步骤如下：

矩形方台建模

绘制一个以草绘中心为圆心、直径为 80 mm 的圆，在圆水平中心附近通过"矩形" ⬚ 绘制一个矩形，使用"快速修剪" ⬚，修剪掉多余的线段，并镜像完成右侧的矩形线框，完成初步形状的绘制。接着通过"几何约束" ⬚，分别进行几何约束设置，矩形垂直边中心与圆心"水平对齐" ⬚，完成几何约束。最后对直线和圆弧进行尺寸约束，分别定义直线距离 58 mm、15 mm，即可完成草图尺寸的图素构建。

（3）绘制完成后，单击"完成草图" ⬚。使用"拉伸" ⬚沿基准坐标系 *Z* 轴的正方向拉伸 15 mm，创建出圆柱底座特征，如图4-5所示。

2. **矩形台特征的建立**

（1）按照工程图4-1中的尺寸，单击"草图" ⬚，进入到草图绘制对话框。在基准坐标

系 *XOY* 平面上使用"矩形"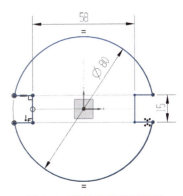绘制以坐标原点为中心，绘制长、宽同为 45 mm 的正方形；草图绘制如图 4-6 所示。

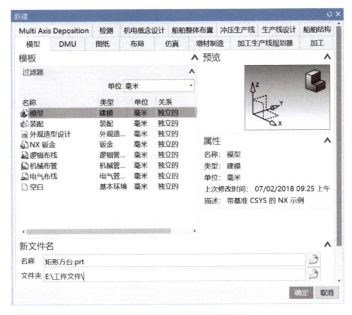

图 4-3 新建文件对话框

（2）绘制完成后，单击"完成草图"。使用"拉伸"沿基准坐标系 *Z* 轴的正方向拉伸35 mm，并且和底部圆盘特征布尔"合并"，创建出矩形台特征，如图 4-7 所示。

4.2.2 上部矩形台四面特征的建立

1. L 形凸台特征的建立

（1）单击"草图"进入到草图绘制界面。按照工程图 4-1 中的尺寸，以与基准坐标系 *YOZ* 平面平行的矩形台平面为草图平面，使用"轮廓"绘制草图，如图 4-8 所示。

图 4-4 圆柱底座草图绘制

具体步骤如下：

使用"轮廓"可创建一系列相连直线和圆弧，每条曲线的末端即为下一条曲线的开始。使用此命令可通过一系列鼠标单击快速创建轮廓，该功能默认鼠标单击为直线，当长按左键时为圆弧，也可通过轮廓命令框中选择"直线"和"圆弧"。依此方法完成初步外形特征的绘制。

接着对外形特征进行几何约束，包括 2 条垂直线"竖直"约束和 8 个"相切"约束。

最后对直线和圆弧进行尺寸约束，通过"快速尺寸"或双击自动标注的尺寸进行修改，分别定义圆弧半径为 *R*3，直线距离为 8 mm、2 mm、22 mm 和 5 mm，即可完成草图图素的构建。

（2）使用"拉伸"沿矩形方台侧面法向拉伸 6 mm，并且和主体布尔"合并"，创建出如图 4-9 所示的 L 形凸台特征。

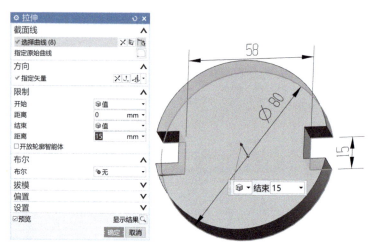

图 4-5 圆柱底座特征的创建

图 4-6 矩形草图绘制　　　　　　图 4-7 矩形台特征的创建

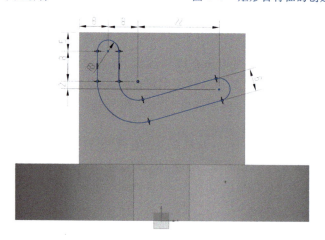

图 4-8 L 形凸台草图绘制

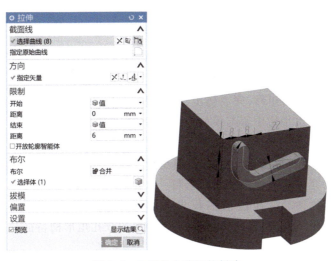

图 4-9　L 形凸台特征的创建

2. U 形凸台特征的建立

（1）单击"二维草图" 进入草图绘制对话框。按照工程图 4-1 中的尺寸，以与基准坐标系 *YOZ* 平面平行的矩形台平面为绘图平面，使用"圆""直线""快速修剪"工具绘制草图，如图 4-10 所示。需注意，几何约束包括 4 条线的"水平"约束 ，8 个"相切"约束 和圆心点"重合"约束 。接着进行尺寸约束，通过"快速尺寸" 或双击自动标注的尺寸进行修改，分别定义直线距离为 10 mm、6 mm 和 8 mm。

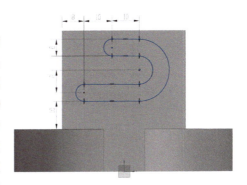

图 4-10　U 形凸台草图绘制

（2）使用"拉伸" 沿基准坐标系面法向拉伸 6 mm，并且和主体布尔"合并"，创建出如图 4-11 所示的 U 形凸台特征。

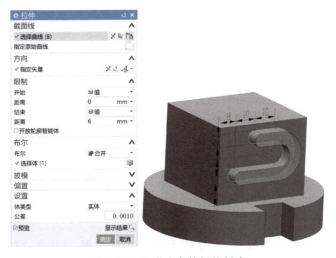

图 4-11　U 形凸台特征的创建

121

3. 双孔矩形槽特征的建立

（1）按照工程图 4-1 中的尺寸，以基准坐标系 *XOZ* 平面为基准，在草图模块下使用"矩形"绘制草图，如图 4-12 所示。具体步骤如下：通过"矩形" 绘制一个 20 mm×30 mm 的矩形，完成初步绘制；进行几何约束设置，矩形水平边中心与模型上侧边中心"竖直对齐"，完成几何约束；通过"快速尺寸" 进行尺寸约束，定义矩形竖直边中心与模型上侧边距离为 15 mm，完成双孔矩形草图的绘制。

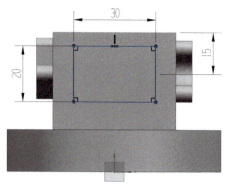

图 4-12 双孔矩形草图绘制

（2）使用"拉伸" 沿面法向的反向拉伸 6 mm，并且和主体布尔"减去"，创建出如图 4-13 所示的双孔矩形槽特征。

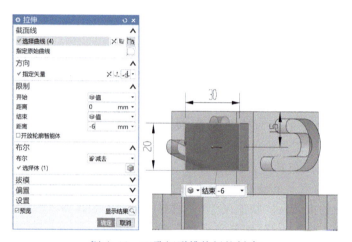

图 4-13 双孔矩形槽特征的创建

4. 矩形槽特征的建立

（1）按照工程图 4-1 中的尺寸，草图模块下使用"矩形"绘制草图，如图 4-14 所示。具体步骤如下：通过"矩形" 绘制一个 25 mm×28 mm 的矩形，完成初步绘制；矩形水平边中心与模型上侧边中心"竖直对齐"，完成几何约束；通过"快速尺寸" 进行尺寸约束，定义矩形上边与模型上侧边距离为 2.5 mm，完成矩形槽草图的绘制。

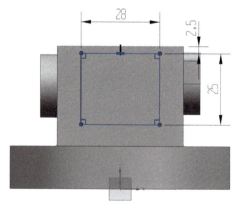

图 4-14 矩形槽草图绘制

（2）使用"拉伸" 沿面法向反方向拉伸 8 mm，并且和主体布尔"减去"，创建出如图 4-15 所示的矩形槽特征。

（3）创建完成后的主体模型，如图 4-16 所示。

4.2.3 U 形槽圆盘特征的建立

（1）按照工程图 4-1 中的尺寸，使用"矩形" 绘制草图，如图 4-17 所示。具体步骤如下：通过"矩形" 绘制一个 10 mm×10 mm 的矩形，完成初步绘制。进行几何约束设置，选取模型右侧边中心与矩形右侧竖直边中心点"重合"约束 ，矩形水平线"水平"约束 ，完成几何约束。通过"快速尺寸" 进行尺寸约束，定义矩形右侧边与 Y 轴距离为 40 mm。选择已创建的矩形，通过"镜像曲线" 完成另一侧草图的绘制。

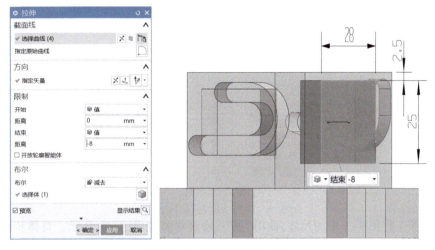

图 4-15　矩形槽特征的创建

图 4-16　主体模型

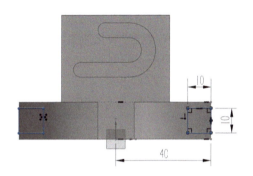

图 4-17　对称矩形草图绘制

（2）使用"旋转" ，"轴"沿基准坐标系 Z 的负方向，"角度"分别设置"−60°"和"60°"，并且和主体布尔"减去"，旋转创建出如图 4-18 所示的单边对称 U 型槽特征。

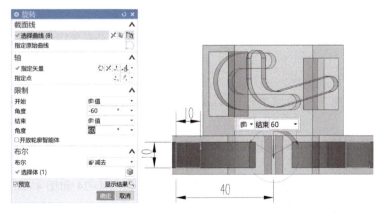

图 4-18　单边对称 U 形槽特征的创建

123

4.2.4　孔特征的建立

（1）使用"孔" 在模型圆柱中心创建一个直径为 18 mm 的贯通孔，如图 4-19 所示。

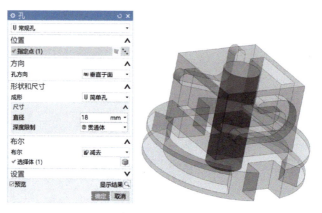

图 4-19　贯通孔

（2）按照工程图 4-1 中的尺寸，使用"点"+绘制草图，如图 4-20 所示。具体步骤如下：通过"直线" 绘制一直线，完成初步绘制。进行几何约束设置，对该线段进行"水平" 约束，接着选取模型右侧边中心与线段中点"水平对齐" 约束，选取模型上侧边中心与线段中点"竖直对齐"约束，完成几何约束。最后通过图中的 10 mm 长度进行尺寸约束，完成线段绘制；单击选择该线段，点选"转化为参考" ，设置线段为参考线段。通过"点"+，分别选择线段两个端点，完成中心点的创建。

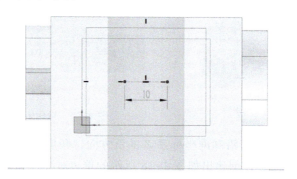

图 4-20　孔中心草图绘制

使用"孔" ，选择刚刚创建的两个点，创建一个直径为 6 mm、深为 4 mm 的简单孔，如图 4-21 所示。

4.2.5　倒角特征的建立

（1）选择"边倒圆" ，按照工程图 4-1 中的尺寸在前后矩形槽内倒 R8 的圆角，如图 4-22 所示。

（2）选择"边倒圆" ，按照工程图 4-1 中的尺寸在边角处倒 R4 的圆角，如图 4-23 所示。

（3）使用"倒斜角" ，按照工程图 4-1 中的尺寸在如图 4-24 和图 4-25 所示位置处倒 C0.5 和 C2 的斜角，创建出最终模型。

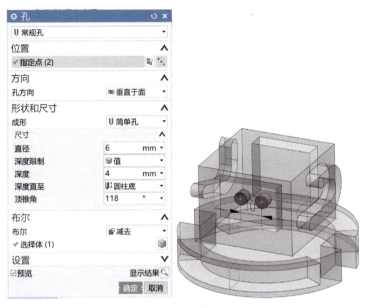

图 4-21 钻孔

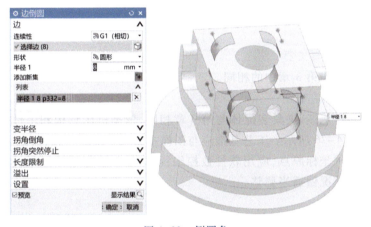

图 4-22 倒圆角

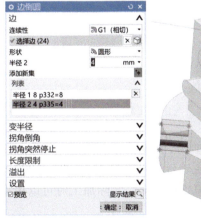

图 4-23 倒圆角

图 4-24　倒 C0.5 斜角

图 4-25　倒 C2 斜角

4.3　工艺规划

4.3.1　机床设备与工具

机床设备与工具与第 3 章中的相同。

4.3.2　加工方案的制定

案例采用的工件毛坯、夹具装配体与第 3 章相同,依据机床结构和工件特征,工件装夹与定位示意图如图 4-26 所示。工艺基准应与图样主要尺寸基准一致,因此选择方台特征上表面外圆中心为零件坐标原点,应用软件数控编程时,加工坐标系按图示设置。考核时,装夹方案可根据实际情况做适当调整。

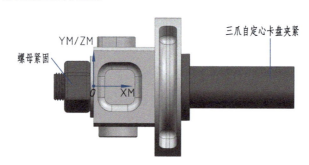

图 4-26　工件装夹与定位示意图

零件加工工序可划分为铣削加工中的粗加工、半精加工、精加工,以及孔加工与倒角加工。根据机床、装夹方式和工件特点,铣削时主轴转速可设置为 3 500 ~ 8 000 r/min,进给率为 800 ~ 2 000 mm/min,铣加工切削深度可取 0.5 ~ 2 mm。实际加工时可以根据现场情况调节进给和转速倍率。

结合 NX UG12.0 编程工序方法和矩形方台零件尺寸要求,零件数控加工工序安排,见表 4-2。与软件数控编程命名一致,表中刀具规格 D10、D6、R3、ZXZ3、ZT5.8、JD6 和 DJ8 分别代表 φ10 平底立铣刀、φ6 平底立铣刀、φ6R3 球头刀、φ3 中心钻、φ5.8 麻花钻、φ6H7 铰刀和 φ8-90°倒角刀。

表 4-2　零件数控加工工序安排

| 序号 | 工步 | | 编程工序方法 | 刀具规格 | 主轴转速/(r/min) | 进给速度/(mm/min) | 预留余量/mm | 对应刀路 |
	加工阶段	加工部位						
1	铣削开粗加工	四面特征(一次开粗)	型腔铣	D10	4 500	2 000	0.3	
		四面特征(二次开粗)	型腔铣	D6	5 500	1 500	0.3	
		四面倒角	型腔铣	D6	5 500	1 500	0.2	
		圆角 U 形槽	可变轮廓铣(曲面驱动)	D6	5 500	1 500	0.3	
		直角 U 形槽	可变轮廓铣(外形轮廓铣驱动)	D6	5 500	1 500	0.3	

续表

| 序号 | 工步 | | 编程工序方法 | 刀具规格 | 主轴转速/(r/min) | 进给速度/(mm/min) | 预留余量/mm | 对应刀路 |
	加工阶段	加工部位						
2	铣削半精加工	四面特征中的平面	底壁铣	D6 精	6 500	1 000	0.1	
		矩形槽、双孔矩形槽侧壁圆角	固定轮廓铣(曲面驱动)	R3	6 500	1 000	0.1	
		圆角 U 形槽侧壁	可变轮廓铣(曲面驱动)	R3	6 500	1 000	0.1	
		直角 U 形槽	可变轮廓铣(外形轮廓铣驱动)	D6 精	6 500	1 000	0.1	
3	铣削精加工	四面特征中的平面(定向)	底壁铣	D6 精	6 500	1 000	0	

序号	工步		编程工序方法	刀具规格	主轴转速/（r/min）	进给速度/（mm/min）	预留余量/mm	对应刀路
	加工阶段	加工部位						
3	铣削精加工	四面倒角（定向）	底壁铣	D6	6 500	1 000	0	
		矩形槽、双孔矩形槽侧壁圆角（联动）	固定轮廓铣（曲面驱动）	R3	6 500	1 000	0	
		圆角U形槽侧壁（联动）	可变轮廓铣（曲面驱动）	R3	6 500	1 000	0	
		圆角U形槽底部圆角与底部平面	可变轮廓铣（引导曲线驱动）	R3	6 500	1 000	0	
		直角U形槽	可变轮廓铣（外形轮廓铣驱动、曲面驱动）	D6	6 500	1 000	0	

续表

序号	工步		编程工序方法	刀具规格	主轴转速/ (r/min)	进给速度/ (mm/min)	预留余量 /mm	对应刀路
	加工阶段	加工部位						
4	钻铰孔加工	双孔矩形槽孔特征	钻孔	ZT5.8	1 500	100	0.1	
			铰孔	JD6	800	50	0	
5	倒角加工	倒角特征	平面轮廓铣	DJ8	4 500	800	0	

表中工艺参数设置受限于加工机床、刀具、装夹方式、冷却方式、加工环境等诸多因素，因此工艺参数仅供参考，实际加工可根据情况进行调整。

4.4　数控编程

4.4.1　数控编程预设置

1.　工件几何模型修改

编程预设置

在软件自动编程中，主要通过零件的几何模型求解计算并生成得到加工刀路。因而几何模型是加工刀路和程序生成的重要依据。表 4-1 中的尺寸公差带中既有对称公差，比如 8±0.03 mm，也有单向公差，比如 $15^{+0.03}_{0}$ mm。在编制加工程序带有单向公差尺寸特征时，为实现零件加工尺寸精度有两种方法：

● 方法 1：可以通过余量设置来控制尺寸精度，比如加工图 4-1 矩形槽的宽度 $15^{+0.03}_{0}$ mm 时，精加工余量设置为 -0.015 mm，从而尽可能使零件尺寸控制在公差范围内；

● 方法 2：可以通过修改几何模型尺寸来控制精度，具体方法是更改特征的基本尺寸，从而移动公差带至对称公差（基本尺寸也称为公称尺寸），比如矩形槽的宽度 $15^{+0.03}_{0}$ mm 可以修改为 15.015±0.015 mm，基本尺寸由 15 mm 调整为 15.015 mm，精加工余量则设置为 0。由于不需要计算余量设置值，不容易出错，半精加工后的尺寸测量与余量修正，也以调整后的基本尺寸为修正依据。

在教学和生产中，数字模型一般是由图样中的基本尺寸绘制而成，一般不带有公差尺寸。与之一致，本章建模环节中也按图样基本尺寸建模；加工编程环节则可以修改几何模型中的基本尺寸，使单向公差改为对称公差。修改后的基本尺寸称为平均尺寸，平均尺寸与公差的算式如下：

$$M = (ES+EI)/2$$

$$T = (ES-EI)/2$$

式中：M 为平均尺寸；ES 为最大极限尺寸；EI 为最小极限尺寸；T 为尺寸公差。

依此方法，对表 4-1 中单向公差尺寸分别计算，得到 30.03±0.03（$30^{+0.06}_{0}$）、20.03±

$0.03(20_0^{+0.06})$、$10.03\pm0.03(10_0^{+0.06})$,依此类推。

在本章案例中,采用对单向公差特征修改几何模型的方法进行加工编程。具体步骤是,在 UG NX12.0 软件的建模模块下,依次对相应特征进行几何模型修改,依次将矩形槽宽度尺寸由 15 mm 修改为 15.015 mm、双孔矩形槽长度和宽度尺寸由 30 mm 和 20 mm 分别修改为 30.03 mm 和 20.03 mm、前后 U 形槽宽度尺寸由 10 mm 修改为 10.03 mm、双孔矩形槽长度和宽度尺寸由 28 mm 和 25 mm 分别修改为 28.010 5 mm 和 25.010 5 mm。

> **提示:**
>
> 加工企业实际生产时,三维模型一般是不带参数的中间模型格式(如 .igs、.x_t 等),其模型尺寸一般不带公差尺寸。 零件加工编程时,可以通过图样尺寸进行余量设置,也可以通过修改模型实现。 在 UG NX12.0 软件中,提供了同步建模功能,可以对不带参数的数字三维模型进行尺寸修改。

2. 创建程序组

步骤与前面章节相同,完成程序组的创建,如图 4-27 所示。

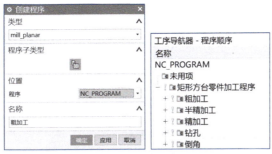

图 4-27　创建程序组

3. 创建刀具

步骤与第 2 章中的相同,此处不再赘述。

4. 创建加工坐标系、安全平面、指定加工工件

(1)进入几何视图　进入加工环境后,在"工序导航器"的"名称"栏空白处右击,在弹出菜单中选择"几何视图",或在工序导航器的菜单栏中选择图标"几何视图"。

(2)创建加工坐标系　双击节点 MCS,弹出"MCS 铣削"对话框。选择零件顶部圆心为加工坐标系原点,矢量 X 指向圆柱轴心,在"安全设置"的"安全设置选项"下拉列表中选择"圆柱","指定点"选择原点,"指定矢量"选择 X 轴,"半径"设置为"60.000 0",如图 4-28 所示。

(3)创建加工工件　在"工序导航器 - 几何视图"下,在 MCS_MILL 节点下,双击 WORKPIECE 工件对话框。在"工件"对话框中单击"指定部件"按钮,弹出"部件几何体"对话框,选择所加工的部件几何体,如图 4-29 所示。指定毛坯如图 4-30 所示。

5. 设置加工方法

铣削粗加工、半精加工、精加工的部件余量分别设为 0.3、0.1 和 0,公差分别设为 0.03、0.01 和 0.003。

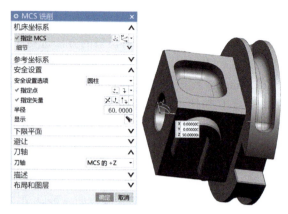

图 4-28　"MCS 铣削"机床坐标系的设置

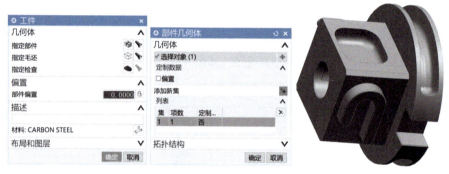

图 4-29　工件创建

图 4-30　指定毛坯

四面特征一次开粗

4.4.2　铣削粗加工程序编制

首先创建"型腔铣"工序,使用 D10 平底立铣刀一次开粗去除大部分材料。接着使用 D6 平底立铣刀进行二次开粗。最后分别创建"底壁铣""固定轮廓铣"等工序,定向精加工侧壁和平面。

1. U 形凸台定向开粗加工(型腔铣)

(1)创建加工程序:型腔铣　单击"创建工序" ,弹出"创建工序"对话框。在"类型"下拉列表中选择"mill_contour","工序子类型"选择"型腔铣" ,"程序"选择"粗加工","刀具"选择"D10","几何体"选择"WORKPIECE","方法"选择"MILL_ROUGH",如图 4-31所示。

（2）"型腔铣"程序设置

● 设置几何体。几何体参数为默认设置，首先在建模模块
"二维草图"界面使用"矩形"工具创建出矩形范围框，如图4-32
所示，然后在"修剪边界"对话框中设置加工的平面范围，单击
"曲线"，选择图4-32所示范围框为加工边界，限制刀路仅在框
内生成，"修剪侧"选择"外侧"，刀路在边界内部生成。

● 设置刀轴。"刀轴"设置为"指定矢量"，选择"面/平面
法向"，选择U形凸台底平面的法向为刀轴方向如图4-33所示。

● 刀轨设置-基本设置。"切削模式"选择"跟随周边" ，
"步距"选择"%刀具平直"，"平面直径百分比"选择"60%"，
"公共每刀切削深度"为恒定，最大距离为1 mm。

图4-31　插入型腔铣工序

● 刀轨设置-切削层设置。单击"切削层" ，在"范围定
义"中选择圆盘矩形槽的底面，单击"添加新集"选择U形凸台上表面、方形底面为新集。通
过3个层选择，可以使这一方向上的一次开粗余量更均匀，其他参数默认设
置，如图4-34所示。

四面开粗修
剪边界

图4-32　设置几何体参数

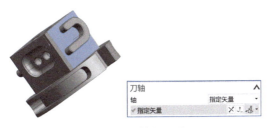

图4-33　刀轴矢量设置

● 刀轨设置-切削参数设置。具体参数设置如图2-53所示。

● 刀轨设置-非切削移动设置。具体参数设置如图4-35所示。

● 刀轨设置-进给率与速度。单击"刀轨设置"栏内的"进给率和速度" ，进入"进给率
和速度"对话框，"主轴速度"栏和"进给率"栏内分别设置4 500 r/min和2 000 mm/min，并单
击"计算" ，其他参数默认设置。

● 生成刀路轨迹。在"操作"栏内，单击"生成" ，生成的型腔铣刀路轨迹，如图4-36
所示。

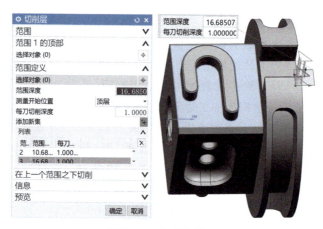

图 4-34 切削层设置

图 4-35 非切削移动设置

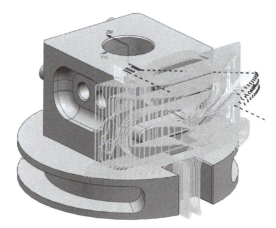

图 4-36 型腔铣刀路

提示：

切削参数中的"策略"——刀路扩展延伸：如图 4-37 所示为刀路扩展延伸。"在边上延伸"适用于清根、区域铣、型腔铣和深度轮廓铣工序,使刀具超出切削区域外部边缘以加工部件周围的多余材料。还可以使用此选项在刀轨刀路的起点和终点添加切削移动,以确保刀具平滑地进入和退出部件,但需要设置几何体。

 在边上延伸　　　　 在边上延伸

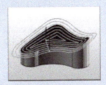

图 4-37　刀路扩展延伸

修剪边界:"修剪边界"□在每一个切削层上使用修剪边界命令,限制切削区域,可定义多个修剪边界。如可以定义修剪边界以使工序仅切削某一区域。NX 会沿着刀轴矢量将边界投影到部件几何体,确认修剪边界覆盖指定部件几何体的区域,然后会放弃内部或外部的切削区域。

2. 方形其他方向定向开粗(型腔铣)

中部方形特征中,其他三面开粗程序与此相似,均可采用"型腔铣"这一方法来实现特征的定向开粗加工。需要更改"刀轴""指定修剪边界"以及"切削层"中的"选择对象"对应的加工底面。在其他 3 个面中,为保证第一层高度余量的均匀性,与上述相同,均选择不同高度的底面为切削层底面,其设置和创建的刀路,见表 4-3。

仿真验证刀路。定向一次开粗仿真结果,如图 4-38 所示。在对话框中,选择"分析"可以对剩余毛坯进行分析。

3. 四面残料定向二次开粗加工(型腔铣)

(1)中部特征的二次开粗　由于 D10 平底立铣刀无法加工 R4 圆角,所示四面特征的圆角和角落位置通过 D6 平底立铣刀进行二次开粗加工,其余量分析如图 4-39 所示。

四面特征
二次开粗

表 4-3　其他中部特征的定向开粗设置

刀轴矢量(平面法向)	切削层设置	加工刀路
（图）	范围定义 ✓ 选择对象 (1) 范围深度　17.4937 测量开始位置　顶层 每刀切削深度　1.0000 添加新集 列表 范.. 范围深度　每刀.. 1　11.000003 1.000... 2　11.493753 1.000... 3　17.493753 1.000...	（图）

135

续表

刀轴矢量（平面法向）	切削层设置	加工刀路
	✓选择对象 (1)　　　✛ 范围深度　　　　　17.5000 测量开始位置　　顶层 每刀切削深度　　　1.0000 添加新集 列表　　　　　　　∧ 范. 范... 每...　　✕ 1　17.5... 1.00... 2　23.5... 1.00...	
	✓选择对象 (1)　　　✛ 范围深度　　　　　17.5000 测量开始位置　顶层 每刀切削深度　　1.0000 添加新集 列表　　　　　　　∧ 范. 范... 每...　　✕ 1　17.5... 1.00... 2　22.5... 1.00...	

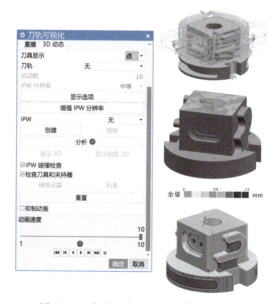

图 4-38　定向一次开粗刀路与仿真结果

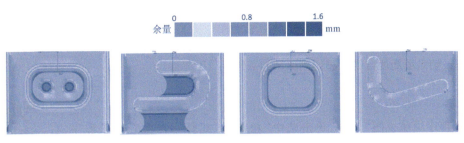

图 4-39 四面特征一次开粗后余量分析

（2）中部特征的二次开粗工序创建与设置

复制对应特征的 D10 平底立铣刀一次开粗中"型腔铣"工序，内部粘贴至"粗加工"程序组内，更改相关参数。更改"几何体"设置，需要设置"指定切削区域"，在对应工序选中如图 4-40 所示的选中面为切削区域。更改"刀具"设置为"D6"，"切削层"中"每刀切削深度"设置为"0.500 0 mm"，如图 4-41 所示。

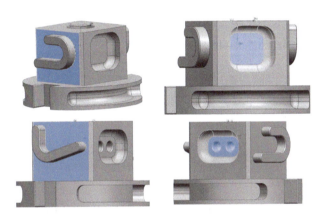

图 4-40 指定切削区域设置

图 4-41 刀具和刀轨设置

"主轴速度"栏和"进给率"栏分别设置为 5 500 r/min 和 1 500 mm/min，完成二次开粗工序的创建。

加工刀路。选中已经创建的工序，右击选中"生成刀轨" ，如图 4-42 所示。

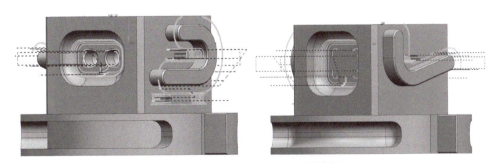

图 4-42 四面特征二次开粗刀路

137

💡 **提示：**

　　指定切削区域：在本次型腔铣工序中选择切削区域，指定切削区域可以减少不必要的刀路，切削层高度自动计算切削区域的高度。

4. 🏃 四面倒角特征定向开粗加工（型腔铣）

　　在"程序顺序视图"🔲中，单击选中"粗加工"组任一二次开粗子程序，右击选择"复制"后，单击选择组内最后一个工序，右击选择"内部粘贴"。

　　"几何体"中的"指定切削区域"修改为倒角特征的平面，如图 4-43 所示。

四面倒角
特征开粗

图 4-43　倒角斜面几何体设置

　　"刀轴"修设置为倒角特征的平面法向，如图 4-44 所示。

图 4-44　刀轴设置

　　单击"切削层"🖼，在弹出的切削层对话框中，"选择对象"选择倒角平面为切削层底面，单击"确定"，完成切削层的设置。

　　选中已经创建的工序，右击选中"生成刀轨"🖼，生成加工刀路。

　　依此方法，完成其他 3 面中的倒角特征工序和刀路的创建，如图 4-45 所示。

圆角 U 形槽
开粗

5. 🏃 圆角 U 形槽联动开粗（可变轮廓铣-曲面驱动）

（1）创建加工程序：可变轮廓铣　参数设置如图 4-46 所示。

图 4-45　斜角平面加工刀路

图 4-46　插入可变轮廓铣工序

（2）"可变轮廓铣"程序设置

● 设置驱动方法。"驱动方法"选择"曲面区域"，可以在这一"驱动曲面"栅格中完成驱动点阵列的生成。单击"编辑" 进入"曲面区域驱动方法"对话框。

在驱动几何体栏单击"指定驱动几何体" ，选择圆角 U 形槽侧壁为加工曲面；"切削区域"选择"曲面%"，单击进入"曲面百分比方法"对话框，参数为默认设置；"刀具位置"选择"相切"；单击"切削方向" 设置切削方向，选择如图 4-47 所示的为切削方向。单击"材料反向" 可切换加工材料方向。"偏置"中"曲面偏置"设置为"0.300 0"，为加工余量。

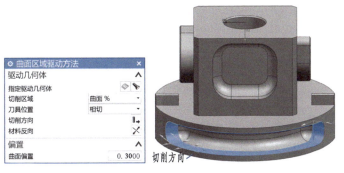

图 4-47　曲面驱动几何体设置

在驱动设置栏内"切削模式"选择"螺旋"，"步距"选择"数量"，"步距数"设置为"10"，在更多栏内"切削步长"选择"公差"，"内公差"设置为"0.010 0"，"外公差"设置为"0.010 0"，步长越小，创建的驱动点越多，驱动轨迹越能准确跟随部件几何体的轮廓，如图4-48 所示。

● 设置刀轴。

在"刀轴"选项中选择"远离直线"，表示"刀轴"可以沿"远离直线"移动，但必须与该直线保持垂直，"刀轴矢量"是"远离直线"上任一点指向刀具夹持器的方向。D6 平底立铣刀侧刃加工圆角 U 形槽的内侧壁，刀具轨迹需要偏置刀具半径，抽取 U 形槽的两侧平面的直线向内偏置 3 mm，得到侧壁偏置线；接着以两条偏置线的交点，得到"远离直线"上的一点，确定了该远离直线上的指定点，如图

图 4-48　驱动设置

4-49 所示。远离直线的矢量方向为工件回转轴线方向 XM 轴。点击"编辑" 进入刀轴设置，其中"指定矢量"选择工件圆柱端面法向（与 XM 轴方向一致），"指定点"选择图中侧壁偏置线的交点，如图 4-50 所示。

● 刀轨设置-切削参数设置。切削参数默认设置。

● 刀轨设置-非切削移动。单击"非切削移动" ，在"进刀"栏内"进刀类型"选择"圆弧-平行于刀轴"，"半径"设置为"50.000 0% 刀具直径"，"旋转角度"设置为"50.000 0"；"退刀"栏内"退刀类型"选择"抬刀"；"转移/快速"栏内"安全设置选项"设置为"使用继承的"，其他参数默认设置，如图 4-51 所示。

● 刀轨设置-进给率与速度。主轴转速设置为 5 500 r/min 和进给率设置为 1 500 mm/min，其他参数默认设置。

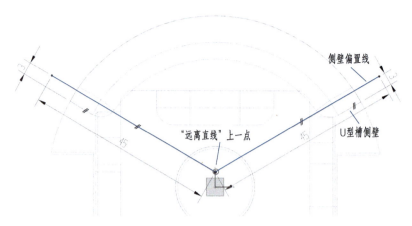

图 4-49　远离直线"指定点"的确定

图 4-50　远离直线设置

图 4-51　非切削移动设置

• 生成刀路轨迹。在"操作"栏内单击"生成" ⮕ ,生成刀路,如图 4-52 所示。

6. 🏃 直角 U 形槽联动开粗(可变轮廓铣—外形轮廓铣驱动)

(1)创建加工程序:可变轮廓铣。

(2)"可变轮廓铣"程序设置

• 设置驱动方法。"方法"选择"外形轮廓铣"单击"编辑" 🖉 进入"外形轮廓铣驱动方法"对话框。"切削起点"中的"延伸距离"设置为"1.000 0 mm","切

直角 U 形槽
开粗

削终点"中的"延伸距离"设置为"1.000 0 mm",如图 4-53 所示。进退刀延长各自延长 1 mm 形成重叠刀路,有利于提高加工表面质量,减少进退刀痕迹。

图 4-52 圆角 U 形槽联动开粗刀路

- 设置几何体。"指定底面"选择直角 U 形槽底面曲面,"指定壁"选择直角 U 形槽壁面曲面,取消勾选"自动壁",如图 4-54 所示。
- 刀轨设置-切削参数设置。单击"刀轨设置"栏内的"切削参数" ,进入"切削参数"对话框,如图 4-55 所示。"策略"栏内切削方向选择"顺铣";"多刀路"栏内勾选"多重深度","深度余量偏置"设置为"10.000 0","步进方法"为"增量","增量"设置为"0.500 0";"余量"栏内勾选"使用与壁相同的底面余量","壁余量"设置为"0.300 0";其他参数默认设置。

图 4-53 外形轮廓铣驱动
方法设置

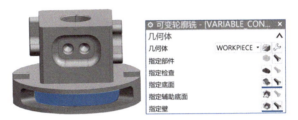

图 4-54 指定底面和壁

图 4-55 切削参数设置

- 刀轨设置-非切削移动。单击"非切削移动" ,在"进刀"栏内"进刀类型"选择"圆弧-平行于刀轴","半径"设置为"50.000 0% 刀具直径";"转移/快速"栏内"安全设置选项"选择"使用继承的",其他参数默认设置,如图 4-56 所示。
- 刀轨设置-进给率与速度。主轴转速设置为 5 500 r/min 和进给率设置为 1 500 mm/min,其他参数默认设置。
- 生成刀路轨迹。在"操作"栏内,单击"生成" ,生成刀路,如图 4-57 所示。

仿真验证刀路。其分析结果如图 4-58 所示。

分析发现整体余量较为均匀,由于圆角 U 形槽底部为 $R3$ 圆角,立铣刀在圆角底部无法进刀,所以余量较大,同时在前后矩形槽的圆角底部余量也较大。在半精加工时,对这些余量较大的位置,可分层切削完成这一特征的加工。

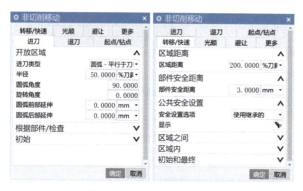

图 4-56　非切削移动设置　　　　　图 4-57　直角 U 形槽开粗刀路

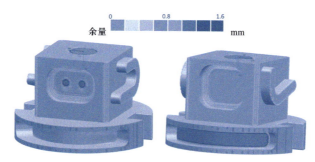

图 4-58　粗加工分析结果

提示：

外形轮廓铣：这一工序是使用刀具的侧刃来加工倾斜壁的铣削方法，需指定壁，同时还需指定底面，由系统自动调整刀轴方向来获得光顺刀轨。其特点是使用刀具侧刃加工壁，以便能够产生直纹面壁的最佳半精加工和精加工效果。在本次工序加工中，对称 U 形槽壁面为直纹面，用这一方法易获得较为光顺的四轴刀轨。此外，还可以加工开放区域的壁面，如图 4-59 所示。

"切削方向"的判断方法：在封闭区域的内侧壁加工时，选择"切削方向"为逆时针时，是顺铣加工。而在封闭区域的外侧壁加工时，选择"切削方向"为顺时针时，是顺铣加工。第二种判断方法：由于主轴正转（顺时针旋转），刀具沿"切削方向"移动时，切屑被移除后落在刀具移动方向的后方时为顺铣加工，反之为逆铣，如图 4-60 所示。

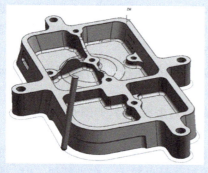

图 4-59　外形轮廓铣加工开放区域的壁面　　　图 4-60　顺铣与逆铣

4.4.3　铣削半精加工与精加工程序编制

首先使用 D6 立铣刀进行四面特征平面精加工、通过 R3 球头刀进行矩形槽圆角及侧壁精加工,接着通过 R3 球头刀分别对圆角 U 形槽底部圆角、侧壁及底面进行联动精加工,最后通过 D6 立铣刀对直角 U 形槽进行精加工。工序中的余量设置与调整可以在软件程序中设置,也可以在机床系统中的刀具补偿栏设置。

1. 🏃 四面特征中的平面定向加工(底壁铣)

(1)创建加工程序:底壁铣　设置如图 4-61 所示。

(2)"底壁铣"的程序设置

● 设置几何体。设置"指定切削区域",选择加工底面,如图 4-62 所示。

四面特征中的平面

图 4-61　创建底壁铣工序

图 4-62　几何体设置

● 刀轨设置-基本设置。"切削模式"选择"跟随周边","步距"选择"% 刀具平直","平面直径百分比"选择为"70.000 0",如图 4-63 所示。

● 刀轨设置-切削参数设置。单击"刀轨设置"栏内的"切削参数"按钮 📷,进入"切削参数"设置栏,具体参数设置如图 4-64 所示。

● 刀轨设置-非切削移动设置。单击"刀轨设置"栏内"非切削移动" 📷,进入"非切削移动"对话框。"进刀"栏内"封闭区域"的"进刀类型"设置为"沿形状斜进刀","斜坡角度"设置为"5.000 0","高度"设置为

图 4-63　刀轨基本设置

图 4-64　切削参数设置

143

"1.000 0 mm"；"开放区域"的"进刀类型"设置为"圆弧"，"半径"设置为"10.000 0% 刀具直径"，"高度"设置为"1.000 0 mm"，"最小安全距离"设置为"1.000 0 mm"。在"转移/快速"栏内"区域内"的"转移类型"选择"前一平面"，可减少刀具抬刀距离，其他参数默认设置。

● 刀轨设置-进给率与速度。单击"刀轨设置"栏内的"进给率和速度" ⬚，进入"进给率和速度"对话框，"主轴速度"栏和"进给率"栏分别设置为 6 500 r/min 和 1 000 mm/min，并单击"计算" ⬚，其他参数默认设置。

● 生成刀路轨迹。在"操作"栏内，单击"生成" ⬚，生成刀路轨迹，如图 4-65 所示。

（3）精加工工序创建　复制上述工序，并内部粘贴到"精加工"程序组中。修改部件余量和底面余量为 0（可根据半精加工后的实际测量情况调整），完成精加工工序的创建。

（4）复制上述底壁铣"工序"，依次内部粘贴到对应的半精加工和精加工程序组。刀轴依次选择其他 3 个切削矢量方向，"几何体"的"指定切削区底面" ⬚ 选择其他三个方向的精加工平面，由于矩形槽上平面有较高的表面质量要求，进给率设为 600 mm/min，其他参数保持不变。依此方法得到的对应精加工刀路，如图 4-66 所示。

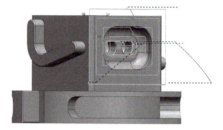

图 4-65　四面特征中的平面半精加工刀路

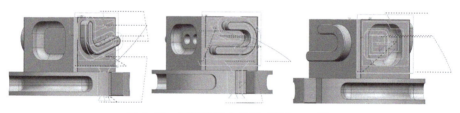

图 4-66　四面特征中的平面精加工刀路

（5）复制"底壁铣"精加工工序，刀轴依次选择 4 个倒斜角平面法向为切削矢量方向，"几何体"的"指定切削区底面" ⬚ 选择 4 个倒斜角平面为精加工平面，如图 4-67 所示。

"非切削移动"中将"开放区域"内的"圆弧"进刀类型改成"线性"，其他参数保持不变，依此方法得到的对应精加工刀路，如图4-68 所示。

图 4-67　几何体设置

图 4-68　倒斜角平面精加工刀路

提示:

刀具延展量:使用刀具延展量选项控制刀具在"底壁铣"工序中超出面边缘移动的距离,指定的刀具延展距离作为刀具直径的百分比。当刀具延展量较小时,会导致部分结构在加工中因刀具延展量不足而避开,从而导致漏加工的现象。其示意图如图4-69所示。

图4-69 刀具延展量示意图

光顺所有刀路(最后一个除外):"拐角"栏内,在拐角处的刀轨形状选项卡中"光顺"设为"所有刀路(最后一个除外)",一般用于精加工中,最后一个刀路除外的原因在于精加工壁面时,在拐角处若走圆弧刀路,则角落壁面无法完成精加工,导致漏加工。如图4-70所示为其对比示意图。

图4-70 光顺刀路对比示意图

2. 双孔矩形槽圆角与侧壁精加工(固定轮廓铣-曲面驱动)

(1)创建加工程序:固定轮廓铣 参数设置如图4-71所示。

(2)"固定轮廓铣"程序设置

●设置几何体。"几何体"选择"MCS_MILL",其他为默认设置,如图4-72所示。

矩形槽、双孔
矩形槽侧壁
圆角精加工

图4-71 插入固定轮廓铣工序　　　图4-72 几何体设置

●设置刀轴。"刀轴"设置为"指定矢量",选择"面/平面法向",指定刀轴如图4-73所示。

●设置驱动方法。"驱动方法"中选择"曲面区域",单击"编辑" 弹出"曲面区域驱动方法"对话框。

"驱动几何体"栏内单击"指定驱动几何体"  ，选择矩形槽圆弧边界面为加工曲面；"切削区域"选择"曲面%"；"刀具位置"选择"相切"；单击"切削方向" 设置切削方向，选择水平方向，如图 4-74 所示的切削方向。单击"材料反向" 可切换材料方向，选择向外为切削材料的方向。在"偏置"栏内"曲面偏置"设置为"0.100 0"，单边预留精加工余量（由于几何已修改至尺寸公差中值，故不需要考虑单向公差的影响）。

"驱动设置"栏内"切削模式"选择"螺旋"；"步距"选择"数量"，"步距数"设置为"15"，如图 4-75 所示。"更多"栏内"切削步长"选择"公差"；"内公差"设为"0.010 0"，"外公差"设置为

图 4-73　指定刀轴

"0.010 0"，步长越小，创建的驱动点越多，驱动轨迹越能准确跟随部件几何体的轮廓，一般应在精加工时使用。

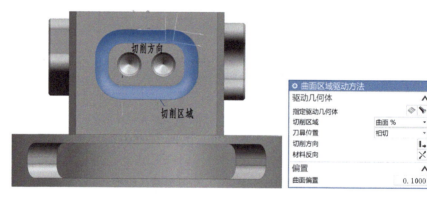

图 4-74　驱动几何体设置

● 刀轨设置-非切削移动设置。单击"刀轨设置"栏内的"非切削移动" ，进入"非切削移动"对话框。"进刀"中的"开放区域"选择"圆弧-平行于刀轴"，"半径"设置为"10.000 0%刀具半径"，"圆弧前部延伸"设置为"3.000 0 mm"，其他参数默认设置，如图 4-76 所示。

图 4-75　驱动方法设置

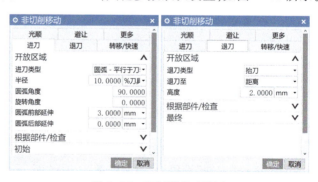

图 4-76　非切削移动设置

• 刀轨设置-进给率与速度。单击"进给率和速度"，进入"进给率和速度"对话框，"主轴速度"栏和"进给率"栏分别设置为 6 500 r/min 和 1 000 mm/min，并单击"计算"，其他参数默认设置。

• 生成刀路轨迹。在"操作"栏内，单击"生成"，生成的双孔矩形槽圆角与侧壁加工刀路，如图 4-77 所示。

图 4-77　双孔矩形槽圆角与侧壁加工刀路

（3）精加工工序创建　复制上述工序，并内部粘贴到"精加工"程序组中。

修改"刀轨"栏内"方法"为"MILL_FINISHI"，"驱动设置"栏内"偏置"栏中"曲面偏置"设置为"0.000 0"，"步距"选择"残余高度"，"最大残余高度"设置为"0.000 1"，如图 4-78 所示，完成精加工工序的创建。

（4）另一侧圆角矩形槽侧壁和圆角半精加工和精加工工序创建　复制上述工序，依次粘贴到对应加工组中，修改"刀轴"与"指定驱动几何体"即可，其他参数保持不变，图 4-79 所示。

生成的圆角矩形槽精加工刀路，如图 4-80 所示。

图 4-78　精加工双孔矩形槽曲面驱动设置

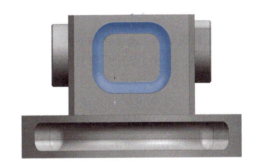

图 4-79　圆角矩形槽驱动面设置

仿真验证刀路。单击选中已经创建好的半精加工与精加工工序，然后右击选择"刀轨"子选项中的"确认刀轨"，进行加工仿真。在"刀轨可视化"对话框中，选择"3D 动态"并单击"播放"按钮，进行加工刀路模拟仿真，精加工仿真结果如图 4-81 所示。

图 4-80　圆角矩形槽精加工刀路

图 4-81　精加工仿真结果

> **提示：**
>
> 　　固定轴轮廓铣：固定轴轮廓铣是一种用于精加工由轮廓曲面所形成区域的加工方式，它通过精确控制刀具轴和投影矢量，使刀具沿着复杂轮廓运动。固定轴轮廓铣通过定义不同的驱动几何体来产生驱动点阵列，并沿着指定的投影矢量方向投影到部件几何体上，然后将刀具定位到部件几何体以生成刀轨。
>
> 　　在本次矩形槽特征中，选用的"曲面区域"驱动方法，由于几何体使用的是 MCS_MILL，没有部件几何体，所以切削参数中的部件余量无效，余量控制是通过所选曲面偏置实现的，偏置方向是对应曲面的法向，朝向与材料侧一致。由于未选择部件几何体，投影矢量无效，生成的曲面驱动点，直接成为刀路轨迹点。此外，由于没有选择部件，进退刀容易碰到部件，因而进退刀设置时，要注意观察刀路是否安全可靠。
>
> 　　对于本次矩形槽特征，也可以通过"引导曲线"驱动方法加工，如图 4-82 所示。
>
>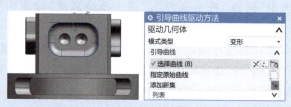
>
> 图 4-82　引导曲线驱动方法
>
> 　　引导曲线驱动时，由于选择了部件几何和切削区域，相对来说加工刀路仿真更加方便，较为安全，该方法在前面章节已有涉及，不再赘述。

3. 圆角 U 形槽侧壁联动精加工（可变轮廓铣-曲面驱动）

U 形槽经 D6 立铣刀粗加工完成后，在 U 形槽侧壁留有 0.3 mm 的单边余量，同时底部有 R4 圆角未加工，可通过 R3 球头刀完成槽的侧壁和底部圆角的精加工。

圆角 U 形槽侧壁精加工

（1）创建加工程序：可变轮廓铣　复制"圆角 U 形槽联动开粗工序"，"刀具"更改为"R3"，相同设置不再赘述，需修改的参数如下。

（2）"可变轮廓铣"程序修改设置

● 设置驱动方法。"驱动几何体"栏内单击"指定驱动几何体"，选择 U 形槽的侧壁为加工曲面；"偏置"栏内"曲面偏置"设置为"0.100 0"，如图 4-83 所示。

● 刀轨设置-进给率与速度。主轴转速设置为 6 500 r/min 和进给率为 1 000 mm/min，其他参数默认设置。在"操作"栏内，单击"生成"生成 U 形槽侧壁刀路，如图 4-84 所示。

（3）精加工工序创建　复制上述工序，并内部粘贴到"精加工"程序组中。

修改"刀轨"栏中的"方法"为"MILL_FINISHI"，"驱动设置"栏内"曲面偏置"设置为"0.000 0"，"步距"选择"数量"，"步距数"设置为"6"，如图 4-85 所示，完成精加工工序的创建。

4. 圆角 U 形槽底部圆角联动精加工（可变轮廓铣-引导曲线驱动）

圆角 U 形槽底部留有圆角，需进一步精加工。

（1）创建加工程序：可变轮廓铣　复制"圆角 U 形槽侧壁精加工"工序，需修改相关参数设置，相同设置不再赘述。

圆角 U 形槽底部圆角与精加工

图 4-83　驱动方法设置　　　图 4-84　U 形槽侧壁刀路

（2）"可变轮廓铣"的程序修改设置

● 设置几何体。"几何体"选择"WORKPIECE"，"指定切削区域"选择圆角 U 形槽底部圆角曲面，如图 4-86 所示。

● 设置驱动方法。"方法"选择"引导曲线"，单击"编辑" 进入"引导曲线驱动方法"对话框，如图 4-87 所示。"驱动几何体"栏内"模式类型"选择"变形"，"引导曲线"选择圆角底部曲线"引导曲线 2"和上部曲线"引导曲线 1"。

图 4-85　精加工曲面驱动设置

图 4-86　几何体设置

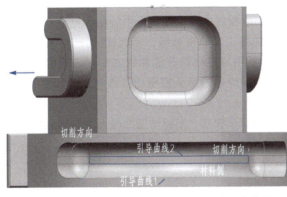

图 4-87　引导曲线设置

"切削"栏内"切削模式"选择"螺旋"，"切削方向"选择"沿引导线"，"切削顺序"选择"从引导线 1"，从圆弧曲面上部进刀加工，其他参数设置如图 4-88 所示。

● 刀轨设置-切削参数设置。由于底部圆角为自由公差，不需要半精加工工序，部件余量设置为 0，其他参数默认设置。

● 刀轨设置-非切削移动设置。单击"刀轨设置"栏内的"非切削移动" ，进入"非切削移动"对话框，在"进刀"栏内

图 4-88　引导曲线驱动设置

"进刀类型"选择"插削";"退刀"栏内"退刀类型"选择"抬刀";"公共安全设置"栏内"安全设置选项"选择"使用继承的",其他参数默认设置,如图4-89所示。

图4-89 非切削移动设置

● 生成刀路轨迹。在"操作"栏内,单击"生成" ,生成底部圆角刀路,如图4-90所示。

图4-90 底部圆角刀路

提示:

　　可变轮廓铣——引导曲线驱动:切削模式由一个或两个引导曲线驱动,加工包含底切或双接触点的复杂曲面时,可变引导曲线工序非常有用。可以使用一对引导曲线或单个曲线创建。切削区域包含要切削的面。引导曲线是开放曲线或封闭曲线的连续链,选中时,引导曲线的端点显示为星号,曲线起点处的箭头表示切削方向,可以使用3D曲线作为引导曲线。

　　本次工序中,采用了"螺旋" 为切削模式,当驱动曲面是一个封闭区域时,可创建一个连续的光顺螺旋刀路,效率较高。

5. 圆角 U 形槽底部平面联动精加工(可变轮廓铣–引导曲线驱动)

圆角 U 形槽底部平面留有残料,需精加工。

(1)创建加工程序:可变轮廓铣 复制"圆角 U 形槽底部圆角联动精加工"工序,需修改相关参数设置,相同设置不再赘述。

(2)"可变轮廓铣"程序修改设置

● 设置几何体。"指定切削区域"选择圆角 U 形槽底部平面。

● 设置驱动方法。"方法"选择"引导曲线",单击"编辑" 进入"引导曲线驱动方法"对话框。"驱动几何体"栏内"模式类型"选择"变形","引导曲线"分别选择两条底平面曲线。"切削"栏内"切削模式"选择"往复","切削方向"选择"沿引导线","切削顺序"选择

"朝向引导线 1",如图 4-91 所示。

图 4-91　驱动方法设置

● 生成刀路轨迹。在"操作"栏内,单击"生成" ，生成圆角 U 形槽底部平面刀路,如图
4-92 所示。

6. 直角 U 形槽侧壁精加工(可变轮廓铣—外形轮廓铣驱动)

(1) 创建加工程序:可变轮廓铣　复制"直角 U 形槽联动开粗工序",并
内部粘贴到"半精加工"程序组中,需修改如下参数。

直角 U 形槽
精加工

(2) "可变轮廓铣"程序修改设置

● 刀轨设置–切削参数设置。单击"切削参数" ，进入"切削参数"对话框。

"余量"栏内勾选"使用与壁相同的底面余量","壁余量"设置为"0.100 0";"多刀路"栏
内勾选"多重深度","深度余量偏置"和"增量"分别为"10.000 0"和"3.000 0",其他参数默
认设置。

● 刀轨设置–进给率与速度。主轴转速设置为 6 500 r/min 和进给率设置为 1 000 mm/min,
其他参数默认设置。

● 生成刀路轨迹。在"操作"栏内,单击"生成" ，生成直角 U 形槽侧壁与底面刀路,如图
4-93 所示。

图 4-92　圆角 U 形槽底部平面刀路

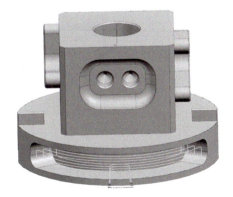

图 4-93　直角 U 形槽侧壁与底面刀路

(3) 精加工工序创建　复制上述工序,并内部粘贴到"精加工"程序组中。修改"刀轨"

栏内"方法"为 MILL_FINISHI,"切削参数"勾选"使用与壁相同的底面余量","壁余量"设置为"0.000 0",完成精加工工序的创建。

7. 直角 U 形槽底面联动精加工(可变轮廓铣—曲线驱动)

通过"确认刀轨"中余量分析发现,在直角 U 形槽底面两侧拐角处有少许加工残余,可通过可变轮廓铣工序(曲线驱动)对其进行进一步精加工。

(1)创建辅助线(驱动线) 在建模模块下,通过菜单栏中的设置曲线组内的"派生曲线"子选项"在面上偏置曲线" ,其中"曲线"选择直角 U 形槽底面边界线,"偏置"设为 3.02mm(避免加工侧壁),"平面"选择直角 U 形槽底面,得到偏置曲线;设置曲线组内的"编辑曲线"子选项"修剪曲线" ,"曲线"选择得到的偏置曲线中的一条样条线,"对象类型"选择槽底面,"修剪或分割"选择分割,"分割的位置"选择线的中间点,完成辅助线的创建。

(2)创建加工程序:可变轮廓铣 在精加工组程序内,插入工序,选择可变轮廓铣,刀具选择"D6 精","几何体"选择"MCS_MILL",单击确认。

(3)"可变轮廓铣"程序设置

● 设置驱动方法。驱动方法栏中选择"曲线/点","驱动几何体"选择刚创建的辅助线,其中方向箭头起点为分割曲线的分割点。

● 设置刀轴。刀轴选择"远离直线",轴线选择外圆回转中心线。

● 刀轨设置–非切削移动设置。在非切削移动栏中,"转移/快速"栏中的"安全设置选项"选择使用继承的,其他为默认。

● 刀轨设置–进给率与速度。主轴转速设置为 6 500 r/min,进给率设置为 1 000 mm/min。

完成工序创建,辅助线与加工刀路如图 4–94 所示。

图 4–94　辅助线与加工刀路

刀路演示与仿真验证。单击选中已经创建的加工工序,然后右击选择"刀轨"子选项中的"确认刀轨" ,进行加工仿真。在"刀轨可视化"对话框中选择"3D 动态"并单击"播放" ,进行加工刀路模拟仿真,精加工刀路与加工仿真结果如图 4–95 所示。

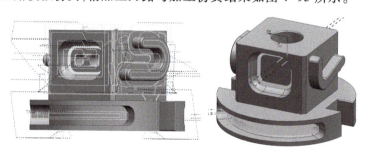

图 4–95　精加工刀路与加工仿真结果

4.4.4　钻孔–铰孔–倒角加工程序编制

1. 钻孔

(1)创建加工程序:钻孔。在 hole_making 下的工序子类型中选择"钻孔"命令,选择"钻铰孔"程序组,刀具选择 ZT5.8 钻头,其他为默认。

（2）"钻孔"程序设置

• 设置几何体–指定特征几何体。具体设置如图4-96所示。

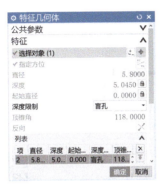

钻铰孔

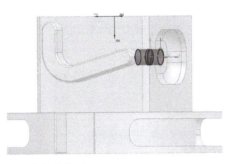

图4-96 指定孔特征

• 刀轨设置–基本设置。在"循环"选择"钻，深孔"，单击"编辑参数" ，进入"循环参数"对话框。其中"步进"栏内选择"恒定"，最大距离设置为4。

• 刀轨设置–进给率与速度。单击"刀轨设置"栏内的"进给率和速度" ，进入"进给率和速度"对话框，"主轴速度"栏和"进给率"栏分别设置为1 500 r/min和100 mm/min。

• 生成刀路轨迹。在"操作"栏内，单击"生成" ，生成的钻孔刀路如图4-97所示。

2. 铰孔

复制"钻孔"工序，"刀具"选择"JD6"。在"循环"栏内选择"钻"。主轴转速设为800 r/min和进给率为50 mm/min。在"操作"栏内，单击"生成"按钮，生成刀路。

3. 倒角

（1）创建加工程序：平面轮廓铣，在mill_planar下的工序子类型中选择"平面轮廓铣"命令，选择"倒角"程序组，刀具选择DJ8倒角刀，其他为默认。

（2）"平面轮廓铣"程序设置

• 设置几何体–指定部件边界与底面。几何体中需指定部件边界和底面，参数设置如图4-98～图4-100所示。

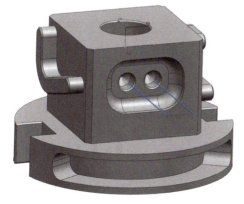

图4-97 生成的钻孔刀路

图4-98 几何体设置

图 4-99　部件边界设置

图 4-100　指定底面设置

倒角加工

- 设置刀轴。"刀轴"设置为"指定矢量"。

- 刀轨设置–非切削移动。

- 刀轨设置–进给率与速度。单击"刀轨设置"栏内"进给率和速度" ，进入"进给率和速度"对话框，"主轴速度"栏和"进给率"栏分别设置为 4 500 r/min 和 800 mm/min。

- 生成刀路轨迹。在"操作"栏内，单击"生成" ，生成刀路。

（3）圆盘的凹槽直线倒角　复制上述工序，并内部粘贴到"倒角"程序组中。修改设置，"几何体"栏内单击"指定部件边界" ，进入"部件边界"对话框。"边界"栏内"选择方法"选择"曲线"，"边界类型"选择"开放"，平面为如图 4-101 所示的两条线段构成的平面。其他参数保持不变。

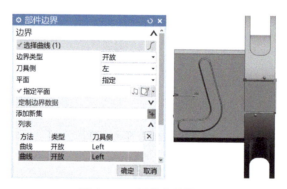

图 4-101　部件边界设置

（4）其他倒角与上述倒角程序类似，可采用"平面轮廓铣"来实现特征的倒角加工，只需要更改"指定底面"和"指定部件边界"即可。生成的倒角刀路,如图4-102所示。

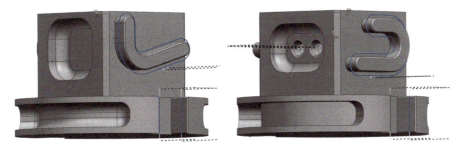

图4-102 倒角刀路

> ✎ **提示:**
>
> "平面轮廓铣"倒角:一种情况,当几何模型已有倒角几何特征,当使用平面轮廓铣工序时,需要指定部件倒角曲线和倒角刀的刀尖点所在底面(这一平面高度应大于倒角的大小,如C2的平面高度可为"-2.5")。
>
> 另一种情况:当几何模型无倒角特征时,在部件余量设置倒角大小,如C2的部件余量设置为"-2"。

4.4.5 仿真验证工序并输出程序

1. ☇仿真验证工序

(1)全部加工工序创建完成后,选中全部程序组,如图4-103所示。

(2)在工序导航器中,单击"程序顺序视图" ，然后在"主页"中单击"确认刀轨" 进入软件仿真界面,单击"播放" ，进行过切检查及碰撞检查验证,结果无过切和加工残留。

2. ☇输出程序

验证无误后,分别按工序选中并右击"后处理" ，进行后处理输出,生成NC程序,如图4-104所示。

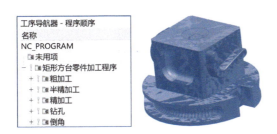

图4-103 加工程序组和加工仿真结果

图4-104 程序后处理过程

4.5　矩形方台零件的虚拟仿真与实际加工

完成零件的数控加工编程后,可以通过虚拟仿真软件进行虚拟加工仿真,验证加工过程中是否会发生碰撞与过切现象,现对矩形方台零件的虚拟仿真加工进行说明。

矩形方台零件
加工仿真

4.5.1　矩形方台零件的虚拟仿真验证

由于零件加工机床、毛坯及装夹等工艺方案与第 3 章双侧环道零件一致,因此虚拟仿真加工的虚拟机床、刀具、夹具等可以使用已配置完成的仿真文件,仅需要导入加工程序文件,即可完成零件的虚拟仿真加工。

（1）打开机床虚拟加工仿真文件

（2）导入数控程序。

（3）机床仿真操作　虚拟加工仿真结果如图 4-105 所示。

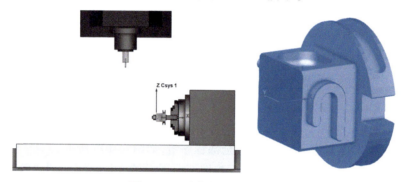

图 4-105　虚拟加工仿真结果

4.5.2　矩形方台零件的加工

零件加工机床、毛坯及装夹等工艺方案与第 3 章中的双侧环道零件一致。加工完成后的零件,如图 4-106 所示。

图 4-106　加工完成的零件

4.6　实例小结

本章对矩形方台零件进行了三维建模并制定了加工工艺方案,对其进行了多轴定向和联动加工编程、仿真与实际加工。采用型腔铣、可变轮廓铣、外形轮廓铣等工序方法进行了开粗加工的程序编制;通过底壁铣、固定轮廓铣、可变轮廓铣等工序方法完成了半精加工和精加工程序编制;应用钻孔、铰孔和平面轮廓铣工序完成了零件的孔加工与倒角加工。

● 加工技巧。通过对工件几何模型的修改,将单向公差尺寸修改为对称公差尺寸,避免了加工编程中的余量设置计算。几何体设置中的"指定修剪边界"和"指定切削区域"应用于零件的型腔铣开粗加工,这一设置可避免刀路外溢,从而减少不必要的刀路。为避免漏加工或者加工边界毛刺,编程时在切削参数的"策略"栏中勾选"在边上延伸"命令。应用切削仿真分析功能,可得到加工余量云图,进而可分析加工过程中的余量分布。外形轮廓铣适用于加工倾斜壁的腔结构,采用刀具侧刃加工壁面,适用于加工本案例中的直角 U 形槽的联动开粗和精加工。可变轮廓铣工序选择曲面驱动、投影矢量选择"刀轴"、刀轴方式为"远离直线",这一组合为常用四轴加工编程方法,适合加工内腔、环道等特征;为避免产生过切,采用可变轮廓铣加工矩形槽特征时,设置刀轴"远离直线"中"指定点",需要通过两侧 U 型槽侧壁偏置一个刀具半径后求得交点获得。可变引导曲线驱动结合"远离直线"刀轴方式,用于加工圆角 U 形槽底部曲面特征,刀路较为光顺。驱动方式、投影矢量、刀轴三者的组合使用,可以实现不同的多轴加工刀路。

▶▶ 第5章
环绕基座零件的加工实例

5.1 零件特征分析与任务说明

5.1.1 零件特征说明

如图 5-1 所示为环绕基座零件工程图。该零件在圆柱回转面上有孔、台阶、凹槽、曲面，一侧端面为弧形曲面，另一侧端面有凹槽平面。根据零件特点，需四轴定向和联动加工。

加工要素中包括平面、垂直面、斜面、阶梯面、倒角、平面轮廓（型腔、岛屿）、曲面、孔等特征，为方便说明，对零件中的各位置特征进行简要分类和命名说明，如图 5-2 所示。

5.1.2 零件尺寸说明

根据图样尺寸标注，该零件的加工等级最高为：尺寸公差等级达 IT7 级，几何公差等级达 IT8 级，表面粗糙度值 Ra 达到 1.6 μm，均与考核大纲要求一致。零件尺寸中涉及的尺寸公差范围不同，对于公差等级精度要求较高的尺寸，需要重点关注。环绕基座零件除自由公差外的零件精度列表见表 5-1。

5.1.3 任务说明

根据工作流程，需要依次完成以下任务：零件三维模型的建立、工艺规划与制定、数控编程、Vericut 仿真模拟、零件的实际加工。

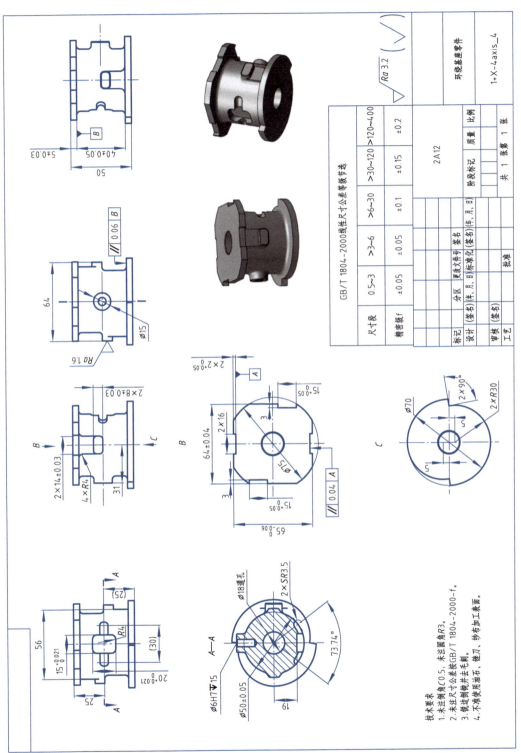

图 5-1 环绕基座零件工程图

技术要求
1.未注倒角C0.5,未注圆角R3。
2.未注尺寸公差按GB/T 1804-2000-f。
3.锐边倒钝并去毛刺。
4.不准使用消石、锉刀,纳布加工表面。

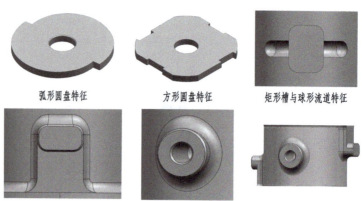

弧形圆盘特征　　　　　方形圆盘特征　　　　矩形槽与球形流道特征

矩形凸台与圆角特征　　　圆柱凸台与圆角特征　　　ϕ50圆柱面特征

图 5-2　零件特征位置说明

表 5-1　零件精度要求列表 mm

尺寸精度	1	$15^{+0.021}_{0}$	IT 7	尺寸精度	7	$2\times8\pm0.03$	
	2	$20^{+0.021}_{0}$	IT 7		8	$65^{0}_{-0.06}$	
	3	5 ± 0.03			9	$2\times15^{+0.05}_{0}$	
	4	$2\times14\pm0.03$			10	$2\times2^{+0.05}_{0}$	
	5	40 ± 0.05			11	64 ± 0.04	
	6	$\phi50\pm0.05$					
位置精度	1	平行度 0.06	IT 8	位置精度	2	平行度 0.04	

5.2　零件三维模型的建立

5.2.1　整体外形特征的建立

1. 方形圆盘特征的建立

（1）打开 UG NX12.0 软件，新建"模型"，命名为"环绕基座"，单击"确定"，进入建模环境，如图 5-3 所示。

环绕基座建模

（2）单击"草图" 进入草图绘制界面。按照工程图 5-1 中的尺寸，在基准坐标系 *XOY* 平面使用"矩形" 和"圆" ○，以坐标原点为对称中心分别绘制一个 65 mm×64 mm 矩形和直径 ϕ75 mm 的圆；通过"直线" 创建 4 个矩形槽；通过"快速修剪" 修剪掉多余线段；通过"水平"约束 和"竖直"约束 对矩形线进行几何约束；最后，通过"快速尺寸" 或双击自动标注的尺寸进行修改，即可完成草图特征的构建，如图 5-4 所示。

（3）绘制完成后，单击"完成草图" ，使用"拉伸" 沿基准坐标系 *Z* 轴的负方向拉伸 5 mm，创建出侧边方形特征，如图 5-5 所示。

2. 中间圆柱特征的建立

通过"主页"→"特征"选项卡→更多选项，使用"圆柱" ，"轴"选择沿基准坐标系 *Z* 轴正方向，"直径"和"高度"分别输入"50 mm"和"40 mm"，创建出中间圆柱特征并和左边方形特征合并,如图 5-6 所示。

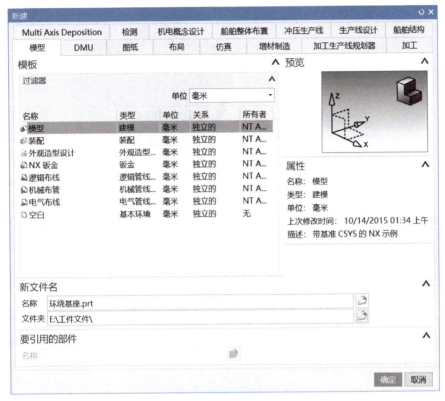

图 5-3 新建"建模"对话框

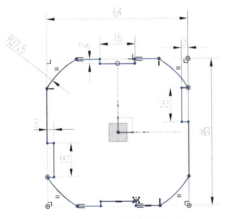

图 5-4 矩形草图的绘制

图 5-5 方形特征的创建

3. 弧形圆盘特征的建立

(1)单击"草图" 进入草图绘制界面。按照工程图 5-1 中的尺寸,在基准坐标系 *XOY* 平面使用"圆弧" 绘制两个圆弧;通过"点在曲线上"约束 使左侧圆弧圆心和两圆弧交点在 *Y* 轴上,约束左侧圆弧端点在 *X* 轴上;通过"重合"约束 使右侧圆弧圆心在草图坐标原点上;通过尺寸约束两圆中心距为 5 mm,右侧圆半径为 35 mm。

图 5-6　中间圆柱特征的建立

　　接着通过"阵列曲线" ，选择建好的两个圆弧，指定草图原点为阵列旋转中心，通过 "直线" 连接左侧两圆弧端点，并通过"垂直"约束 使其与左上角圆弧垂直，将另一端两 点用直线相连即可完成草图绘制，如图 5-7 所示。

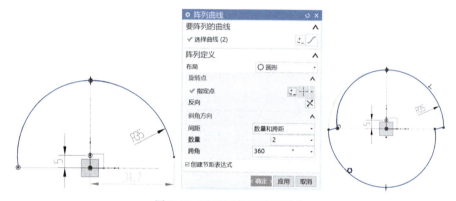

图 5-7　弧形圆盘草图的建立

　　（2）绘制完成后，单击"完成草图" ，使用"拉伸" 沿基准坐标系 Z 轴的正方向拉伸 5 mm，创建出右边圆形特征并和主体合并，如图 5-8 所示。

图 5-8　弧形圆盘特征的建立

5.2.2 凸台特征的建立

1. 圆柱凸台的建立

单击"草图" 进入草图绘制界面。按照工程图 5-1 中的尺寸,在基准坐标系 *YOZ* 平面使用"圆"○绘制圆柱草图,并沿 *X* 轴正方向拉伸 31 mm 与主体合并,如图 5-9 所示。

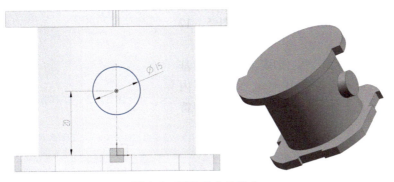

图 5-9 圆柱凸台的建立

2. 矩形凸台的建立

(1)单击"草图" 进入草图绘制界面。按照工程图 5-1 中的尺寸,在基准坐标系 *XOZ* 平面使用"矩形" 和"直线" 绘制基本外形,通过"点在曲线上" 约束矩形中心点在 *Y* 轴上,通过尺寸约束,完成草图绘制,如图 5-10 所示。

(2)单击"完成草图" ,选择"25×14"的矩形框,使用"拉伸" 沿基准坐标系 *Y* 轴负方向拉伸 28 mm,并和主体合并。选择"8×14"的矩形框,相同方向拉伸 32 mm 并和主体合并,创建出矩形凸台特征。

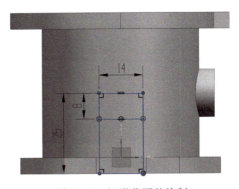

图 5-10 矩形草图的绘制

(3)相同方法创建另一侧的的矩形凸台特征,如图 5-11 所示。

图 5-11 矩形凸台特征的建立

3. 矩形槽的建立

（1）单击"草图" 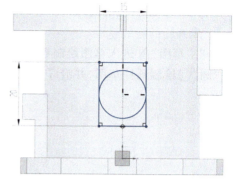 进入草图绘制界面。按照工程图 5-1 中的尺寸，在基准坐标系 *YOZ* 平面使用"矩形" ，通过"水平对齐"约束 和"竖直对齐"约束 ，约束图中圆与矩形中心对齐；接着通过尺寸约束，完成草图绘制，如图 5-12 所示。

图 5-12　矩形槽草图的绘制

（2）单击"完成草图" ，使用"拉伸" 沿基准坐标系 *X* 轴的负方向拉伸 19 mm，"结束"栏内拉伸 50 mm 并且和主体"减去"，创建出矩形槽特征，如图 5-13 所示。

图 5-13　矩形槽的建立

4. 球形流道的建立

（1）单击"草图" 进入草图绘制界面。按照工程图 5-1 中的尺寸，在基准坐标系 *YOZ* 平面使用"直线" 绘制直线草图，通过"重合"约束 ，使圆心与直线中心重合和"水平"约束 使直线水平，尺寸约束长度为 30 mm，如图 5-14 所示。

（2）在菜单栏中的"曲线"模块下，使用"投影曲线" ，在"要投影的曲线"选择刚绘制的直线，"选择对象"为 φ50 圆柱面，"投影方向"为 *X* 轴的负方向，点击"确定"完成曲线的投影，如图 5-15 所示。

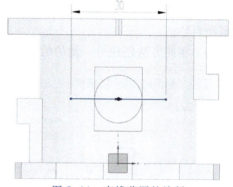

图 5-14　直线草图的绘制

（3）通过"主页"→"特征"选项卡→更多选项，使用扫掠组中的"管道" ，选择投影曲线，"横截面"外径为 7 mm，并和主体"减去"创建出管道，如图 5-16 所示。

（4）通过"主页"→"特征"选项卡→更多选项，使用设计特征组中的"球" ，在管道的端点处创建两个直径为 7 mm 的球，并和主体"减去"创建出流道，如图 5-17 所示。

图 5-15　投影曲线

图 5-16　管道的建立

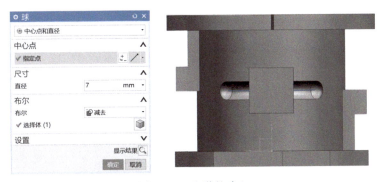

图 5-17　流道的建立

5.2.3　孔特征的建立

（1）使用"简单孔" ⬚，在模型圆柱凸台中心创建一个直径为 6 mm、深为 15 mm 的常规孔，如图 5-18 所示。

（2）使用"简单孔" ⬚在模型圆柱中心创建一个直径为 18 mm 的贯通孔，如图 5-19 所示。

5.2.4　倒角特征的建立

（1）使用"边倒圆" ⬚按照工程图 5-1 中的尺寸在模型边角处倒 R3 和 R4 的圆角，如图 5-20、图 5-21 所示。

（2）使用"倒斜角" ⬚，按照工程图 5-1 中的尺寸，在模型边角处倒 C0.5 斜角，如图 5-22 所示。

167

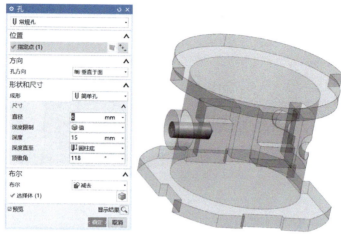

图 5-18　钻孔

图 5-19　贯通孔

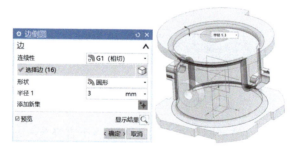

图 5-20　倒 R3 圆角

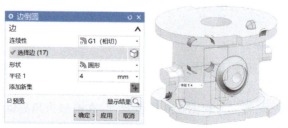

图 5-21　倒 R4 圆角

创建出最终模型,如图 5-23 所示。

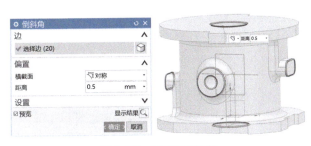

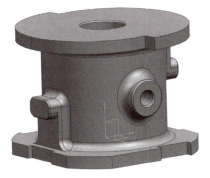

图 5-22   倒 C0.5 斜角   图 5-23   创建完成的特征模型

 ## 5.3   工艺规划

5.3.1   机床设备与工具

机床设备与工具与第 3 章中的相同。

5.3.2   加工方案的制定

案例采用的工件毛坯、夹具装配体与第 3 章相同,依据机床结构和工件特征,工件装夹与定位示意图如图 5-24 所示,由螺母、平口垫圈、零件(毛坯)、轴套夹具、三爪自定心卡盘等组成。工艺基准应与图样主要尺寸基准一致,因此选择方形圆盘特征上表面外圆中心为零件坐标原点,应用软件数控编程时,加工坐标系按图示设置。考核时,装夹方案可根据实际情况做适当调整。

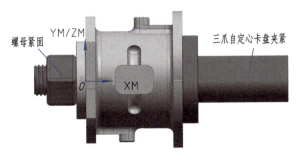

图 5-24   工件装夹与定位示意图

零件加工工序可划分为铣削加工中的粗加工、半精加工、精加工,以及孔加工与倒角加工。根据机床、装夹方式和工件特点,铣削时主轴转速可设置为 3 500 ~ 8 000 r/min,进给率为 800 ~ 2 000 mm/min,铣加工切削深度可取 0.5 ~ 2 mm。实际加工时可以根据现场情况调节进给和转速倍率。

结合 UG NX12.0 编程工序方法和环绕基座零件尺寸要求,零件数控加工工序安排见表 5-2。与软件数控编程命名一致,表中刀具 D10、D6、R3、ZT5.8、JD6 和 DJ8 分别代表 $\phi 10$ 平底立铣刀、$\phi 6$ 平底立铣刀、$\phi 6R3$ 球头刀、$\phi 5.8$ 麻花钻、$\phi 6H7$ 铰刀和 $\phi 8-90°$ 倒角刀。

表 5-2 零件数控加工工序安排

序号	工步		编程工序方法	刀具规格	主轴转速/(r/min)	进给速度/(mm/min)	预留余量/mm	对应刀路
	加工阶段	加工部位						
1	铣削开粗加工	四面特征	型腔铣	D10	4 500	2 000	0.3	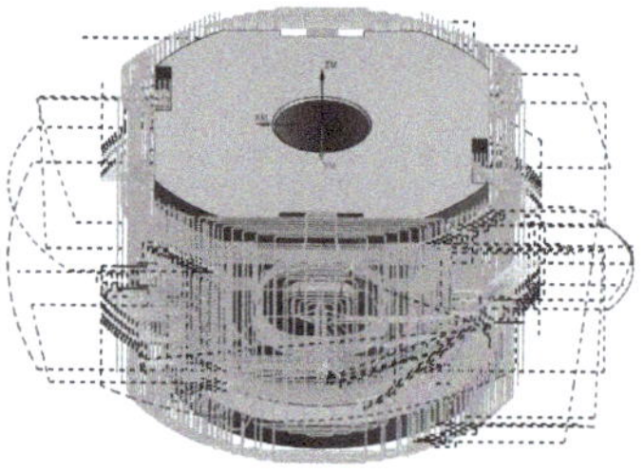
		矩形槽清角	深度加工拐角	D6	5 500	1 500	0.3	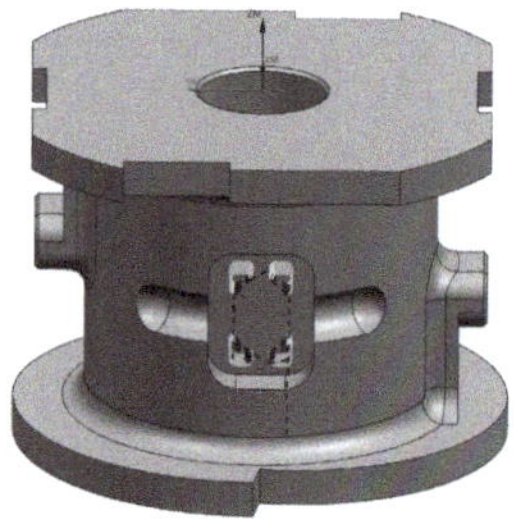
		φ7 球形槽道	可变轮廓铣(曲面驱动)	R3	5 500	1 000	0.5	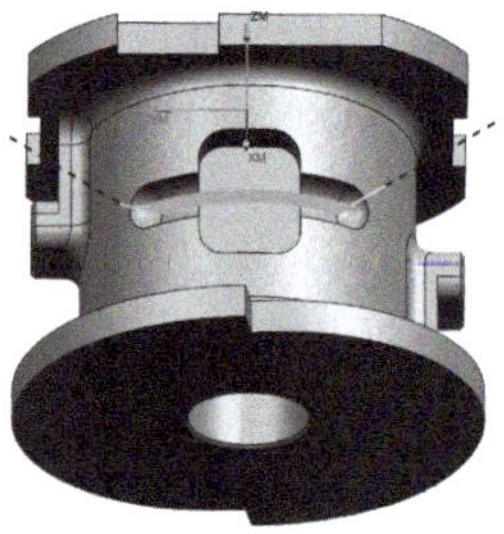
2	铣削半精加工	四面特征中的平面	底壁铣	D6 精	6 500	1 000	0.1	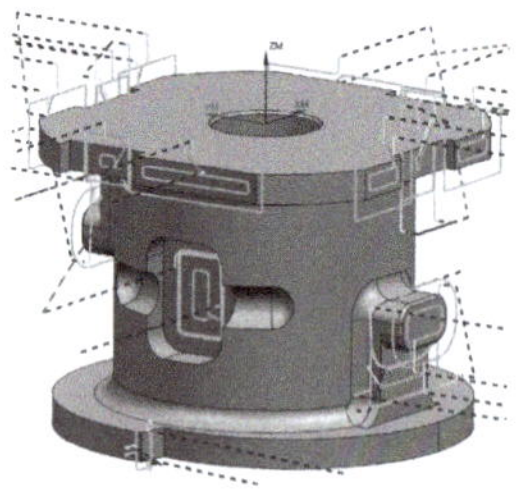
		矩形凸台侧壁	轮廓 3D	D6 精	6 500	1 000	0.1	

170

续表

序号	工步		编程工序方法	刀具规格	主轴转速/(r/min)	进给速度/(mm/min)	预留余量/mm	对应刀路
	加工阶段	加工部位						
2	铣削半精加工	两侧圆盘弧形曲面	可变轮廓铣（曲线驱动）	D6 精	6 500	1 000	0.1	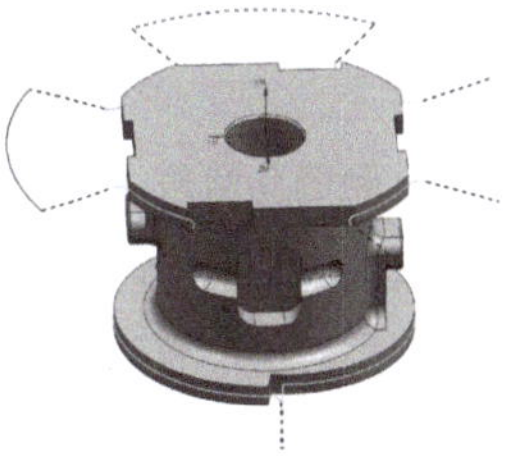
		侧壁及圆角	可变轮廓铣（曲线驱动）	R3	6 500	1 500	0.1	
		φ50 圆柱面	旋转底面铣	R3	6 500	1 500	0.05	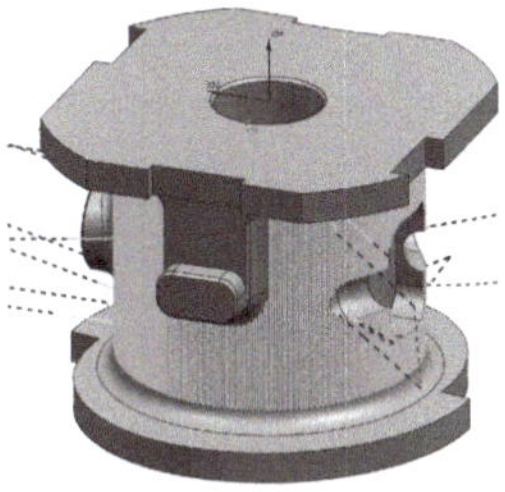
3	铣削精加工	四面特征中的平面（定向）	底壁铣	D6 精	6 500	1 000	0	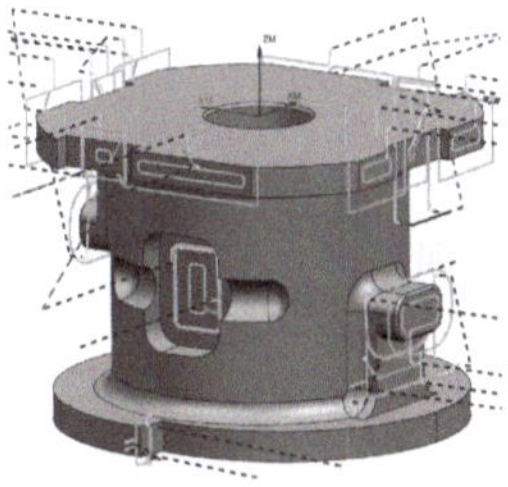
		矩形/圆柱凸台侧壁（定向）	轮廓 3D	D6 精	6 500	1 000	0	
		两侧圆盘弧形曲面（联动）	可变轮廓铣（曲线驱动）	D6 精	6 500	1 000	0	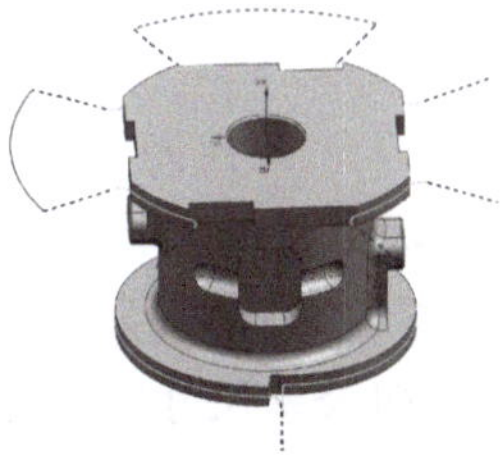

171

续表

序号	工步		编程工序方法	刀具规格	主轴转速/（r/min）	进给速度/（mm/min）	预留余量/mm	对应刀路
	加工阶段	加工部位						
3	铣削精加工	侧壁及圆角	可变轮廓铣（曲线驱动）	R3	6 500	1 000	0	
		φ7 球形流道	可变轮廓铣（引导曲线驱动）	R3	6 500	1 000	0	
		φ50 圆柱面	旋转底面铣	R3	6 500	1 500	0	
4	钻铰孔加工	圆柱凸台面孔	钻孔	ZT5.8	1 500	100	0.1	
			铰孔	JD6	800	50	0	
5	倒角加工	倒角特征	平面轮廓铣	DJ8	4 500	800	0	

　　表中工艺参数设置受限于加工机床、刀具、装夹方式、冷却方式、加工环境等诸多因素，因此工艺参数仅供参考，实际加工可根据情况进行调整。

5.4　数控编程

5.4.1　数控编程预设置

1. 工件几何模型修改

　　在本章案例中，为便于加工和说明，采用与第 4 章矩形方台零件相同的方法，对单向公差尺寸特征修改几何模型的方法进行加工编程。具体步骤是，对

编程预设置

照表 5-1 中的单向公差尺寸,在 UG NX12.0 软件的建模模块下,依次对相应特征进行模型几何参数修改:将矩形槽长度和宽度尺寸由 20 mm 和 15 mm 分别修改为 20.010 5 mm 和 15.010 5 mm、方形圆盘长度尺寸由 65 mm 修改为 64.97 mm、方形圆盘槽深度尺寸由 15 mm 和 2 mm 分别修改为 15.025 mm 和 2.025 mm。

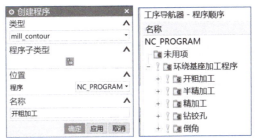
图 5-25　创建程序组

2. ✗ 创建程序组

步骤与第 3 章中的相同,完成程序组的创建,如图 5-25 所示。

3. ✗ 创建刀具

步骤与第 2 章中的相同,此处不再赘述。

4. ✗ 创建加工坐标系、安全平面、指定加工工件

(1)进入几何视图　在"工序导航器"的菜单栏中选择"几何视图" 。

(2)创建加工坐标系　双击节点 MCS_MILL ,弹出"MCS 铣削"对话框。选择零件顶部圆心为加工坐标系原点,圆柱轴心方向为矢量"*XM*";在"安全设置"的"安全设置选项"下拉列表中选择"圆柱","指定点"选择圆心,"指定矢量"为圆柱轴线,"半径"设置为"60.000 0",如图 5-26 所示。

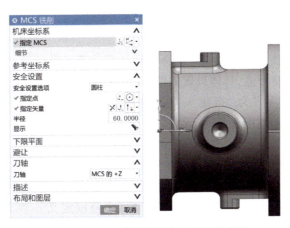
图 5-26　"MCS 铣削"机床坐标系的设置

(3)创建加工工件　选择所加工的部件几何体,具体参数设置如图 5-27 所示。指定毛坯时,几何体选择创建的 ϕ80 圆柱,如图 5-28 所示。

图 5-27　工件创建

173

图 5-28　指定毛坯

5. 设置加工方法

铣削粗加工、半精加工、精加工的部件余量分别设为 0.3、0.1 和 0，公差分别设为 0.03、0.01 和 0.003。

四面特征

（定向开粗）

5.4.2　铣削粗加工程序编制

首先创建"型腔铣"工序，使用 D10 平底立铣刀一次开粗中部大部分开放区域，接着使用 D6 平底立铣刀二次开粗小区域，最后通过 R3 球头刀进行球形槽道的开粗。

1. 四面特征定向开粗加工（型腔铣）

（1）创建加工程序：型腔铣　参数设置如图 5-29 所示。

（2）"型腔铣"程序设置

● 设置几何体。"指定修剪边界"选择图示矩形边界框作为加工边界，以限制刀路外溢，具体设置如图 5-30 所示。

● 设置刀轴。"刀轴"为"指定矢量"，选择"面/平面法向"，选取矩形凸台即可，如图 5-31 所示。

● 刀轨设置-基本设置。"切削模式"选择"跟随周边" ，"步距"选择"% 刀具平直"，"平面直径百分比"选择"60%"，"公共每刀切削深度"为恒定，最大距离为 1 mm。

● 刀轨设置-切削层设置。单击"切削层" ，在范围定义中选择这一矢量方向上的各加工面，单击"添加新集"选择各底面为新集。可以保证每层开粗余量均匀，最大深度为 23 mm，其他参数默认设置，如图 5-32 所示。

图 5-29　插入型腔铣工序

图 5-30　几何体范围框和加工边界设置

● 刀轨设置-切削参数设置。具体参数设置如图 2-53 所示。

● 刀轨设置-非切削移动设置。具体参数设置如图 5-33 所示。

图 5-31　刀轴矢量设置

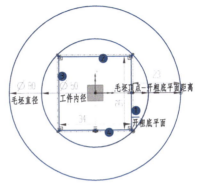

图 5-32　切削层设置和深度范围的求解

图 5-33　非切削移动设置

● 刀轨设置-进给率与速度。单击"刀轨设置"栏内的"进给率和速度" ，进入"进给率和速度"对话框，"主轴速度"栏和"进给率"栏内分别设置 4 500 r/min 和 2 000 mm/min，并单击"计算" ，其他参数默认设置。

● 生成刀路轨迹。在"操作"栏内，单击"生成" ，生成刀路轨迹。

复制型腔铣工序，依次选择其他 3 个切削矢量方向和矩形修剪边界，切削层最大范围深度为 23 mm，保持不变，得到四面特征开粗刀路，如图 5-34 所示。

2. 矩形槽清角加工-定向加工（深度加工拐角）

（1）创建加工程序：深度加工拐角　点击"创建工序" ，弹出"创建工序"对话框。在"类型"下拉列表中选择"mill_contour"，"工序子类型"选择"深度加工拐角" ，"程序"选择"开粗加工"，"刀具"选择"D6"，单击"确定"

矩形槽清角

175

完成"深度加工拐角"工序的创建,如图 5-35 所示。

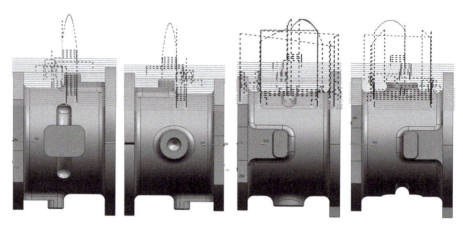

图 5-34 四面特征开粗刀路

（2）"深度加工拐角"程序设置

● 设置几何体-指定切削区域。单击"指定切削区域",选择要定义为切削区域的面,包括侧壁和底面,如图 5-36 所示。

● 设置刀轴。"轴"设置为"指定矢量",选择"面/平面法向",如图 5-37 所示。

● 参考刀具。"参考刀具"选择"D10"。

● 刀轨设置-切削层设置。单击"切削层"，"每刀切削深度"设置为"0.500 0",如图 5-38 所示。

● 刀轨设置-切削参数设置。单击"刀轨设置"栏内的"切削参数"，进入"切削参数"对话框。"余量"栏内勾选"使底面余量与侧面余量一致","部件侧面余量"设置为"0.300 0",如图 5-39 所示。

图 5-35 插入深度加工拐角工序

图 5-36 指定切削区域

图 5-37 设置刀轴矢量

● 刀轨设置-非切削移动设置。参数设置如图 5-40 所示。

图 5-38 切削层设置

图 5-39 切削参数

● 刀轨设置–进给率与速度设置。单击"刀轨设置"栏内的"进给率和速度" ⚙ ,进入到"进给率和速度"对话框,"主轴速度"栏和"进给率"栏内分别设置 5 500 r/min 和 1 500 mm/min,并单击"计算" ⚙ ,其他参数默认设置。

● 生成刀路轨迹。在"操作"栏内,单击"生成" ⚙ ,生成的矩形槽清角刀路如图 5-41 所示。

图 5-40 非切削移动设置

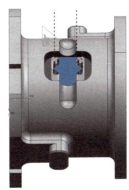

图 5-41 生成的矩形槽清角刀路

✎ **提示:**

　　深度加工拐角:是"深度轮廓铣"的一种特殊情况,以精加工前一刀具由于直径和拐角半径原因无法触及的拐角区域,该方法对部件或切削区域进行轮廓加工,部件几何体可以是平的或带轮廓的。 这一工序可移除垂直于固定刀轴平面层中的材料,切削深度固定。

3. ✎ φ7 球形流道–联动开粗加工(可变轮廓铣–曲面驱动)

　　(1)创建辅助面　在菜单栏选择曲线中的"等参数曲线"命令,其中"面"选择球形流道曲面,"方向"选择 U 向,"数量"为 3,依次得到流道底部两条曲线;通过"桥接曲线"连接两条曲线,其他默认设置,得到辅助线 1;通过"包容体"命令,选择圆柱,"对象"选择 φ50 外圆面,得到包络体;选择"投影曲线"命令,曲线依次选择球形流道底部线和桥接曲线,"投影方向"选择

φ7 球形流道
辅助面及开粗
加工

177

沿面的法向,"投影对象"选择创建的 $\phi50$ 外圆面,得到辅助线 2;通过曲面中的"直纹"命令,截面线串分别选择辅助线 1 和 2,完成辅助面的创建,如图 5-42 所示。

（2）创建加工程序:可变轮廓铣　设置如图 5-43 所示。

图 5-42　创建的辅助面

图 5-43　插入可变轮廓铣工序

（3）"可变轮廓铣"程序设置

● 设置几何体。"几何体"选择"MCS_MILL"。

● 设置驱动方法。"驱动方法"选择"曲面区域",在"驱动曲面"中完成驱动点阵列的生成。单击"编辑" 进入"曲面区域驱动方法"对话框。

"驱动几何体"栏内单击"指定驱动几何体" ,选择创建完成的辅助面为加工曲面;"切削区域"选择"曲面%",单击进入"曲面百分比方法"对话框,结束步长为 98%,预留部分加工余量。"刀具位置"选择"对中";单击"切削方向" ,选择水平方向为切削方向,单击 可切换材料方向,如图 5-44 所示。

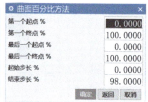

图 5-44　选择切削方向

"驱动设置"栏内"切削模式"选择"往复";"步距"选择"数量","步距数"设置为"10",其他参数默认设置,单击"确定"完成,如图 5-45 所示。

● 设置投影矢量。"投影矢量"为默认设置,由于该工序几何体为 MCS_MILL,无部件几何,因而投影矢量不起作用。

● 设置刀轴。"轴"选择"远离直线",这一直线为"工件旋

图 5-45　驱动设置

转中心轴线","可变刀轴"沿中心轴线移动和旋转,且与中心轴线保持垂直。

● 刀轨设置-非切削移动设置。单击"非切削移动" ,进入"非切削移动"对话框。"进刀"栏内的"开放区域"中的"进刀类型"选择"圆弧-平行于刀轴";在"退刀"栏内"开放区域"中的"退刀类型"选择"抬刀","高度"设置为"20.000 0% 刀具直径";"转移/快速"栏内"公

共安全设置"内的"安全设置选项"选择"使用继承的",其他参数默认设置,如图 5-46 所示。

● 刀轨设置-进给率与速度。主轴转速设置为 5 500 r/min 和进给率设置为 1 000 mm/min,其他参数默认设置。

● 生成刀路轨迹。在"操作"栏内,单击"生成" 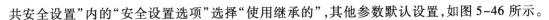 ,生成的可变轮廓铣开粗刀路轨迹,如图 5-47 所示。

图 5-46 非切削移动设置

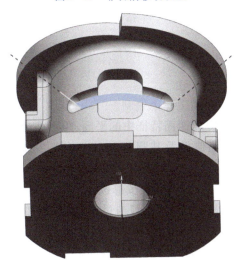

图 5-47 可变轮廓铣开粗刀路

提示:

在本工序中,"退刀"栏内将"退刀类型"设置为"抬刀",因为以默认设置中的"与进刀相同"退刀时,容易产生过切和碰撞,如图 5-48 所示。

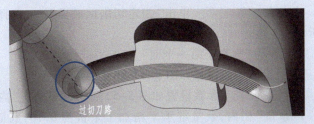

图 5-48 可变轮廓铣开粗刀路

仿真验证刀路。 选中已经创建的开粗工序,然后右击选择"刀轨"子选项中的"确认刀轨" 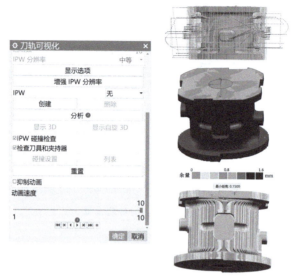,进行加工仿真。在"刀轨可视化"对话框中,选择"3D 动态"并单击"播放" ▶ ▶,进行加工刀路模拟仿真,一次开粗刀路与仿真结果,如图 5-49 所示。在对话框中,选择"分析"可以对剩余毛坯进行分析。

图 5-49 开粗刀路与仿真结果

5.4.3 铣削半精加工与精加工程序编制

首先使用 D6 平底立铣刀完成四面特征中的平面、矩形凸台侧壁和圆柱凸台侧壁定向加工;接着通过 R3 球头刀对圆盘侧壁及其圆角、φ7 球形槽道、φ50 圆柱面等进行联动加工。实际加工时,余量设置与调整可以在软件程序中设置,也可以在数控系统中刀具补偿设置。

半精加工与精加工工序方法相同,仅需要修改余量等参数。受机床误差(如丝杠反向间隙误差)、刀具跳动误差、刀具磨损、刀具让刀与过切、工件粗加工热变形、对刀误差、工件装夹误差等情况的影响,实际加工出的尺寸值不一定在理论值范围内。半精加工后,测量工件获取实际加工尺寸值后可补偿误差,最大限度地保证精度。

1. 🏃 四面特征中的各平面定向加工(底壁铣)

(1)创建加工程序:底壁铣 单击"创建工序",选择 mill_planar 加工类型,程序选择"半精加工",刀具选择"D6 精",方法选择"MILL_SEMI_FIN-ISH"。

四面特征中的
平面精加工

(2)"底壁铣"的程序设置

• 设置几何体-指定切削区底面。单击"指定切削区底面" 🔳,选择要定义为切削区域的面,如图 5-50 所示。

• 设置刀轴。"轴"设为"垂直于第一个面"。

• 刀轨设置-基本设置。参数设置如图 5-51 所示。

• 刀轨设置-切削参数设置。参数设置如图 5-52 所示,"策略"栏内"精加工刀路"勾选"添加精加工刀路";"余量"栏内,余量继承半精加工余量为 0.10,底面余量设置为 0.10;"拐角"栏内"光顺"选择"所有刀路(最后一个除外)","半径"设置为"10.000 0% 刀具直径"。

图 5-50　指定切削区底面几何体

图 5-51　刀轨基本设置

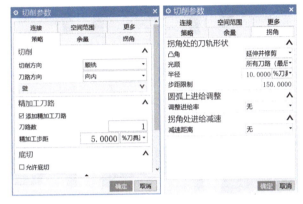

图 5-52　切削参数设置

● 刀轨设置-非切削移动设置。参数设置如图 5-53 所示。在"进刀"栏"开放区域"内"进刀类型"选择"圆弧","半径"设置为"10.000 0% 刀具半径","高度"是下刀点到最高加工平面的距离,设置为"1.000 0 mm"。"封闭区域"内"进刀类型"选择"沿形状斜进刀","斜坡角度"设置为"5.000 0","高度"设置为"1.000 0 mm","最小安全距离"设置为"0.000 0 mm"。"转移/快速"栏内"区域内"的"转移类型"选择"前一平面",其他参数默认设置。

图 5-53　非切削移动设置

● 刀轨设置-进给率与速度。单击"刀轨设置"栏内的"进给率和速度" ,进入"进给率和速度"对话框,"主轴速度"栏和"进给率"栏分别设置为 6 500 r/min 和 1 000 mm/min,并单击"计算" ,其他参数默认设置。

● 生成刀路轨迹。在"操作"栏内,单击"生成" ,生成刀路轨迹。

（3）精加工工序创建　复制上述工序,并内部粘贴到"精加工"程序组中。修改部件余量和底面余量为 0,完成精加工工序的创建。

（4）复制底壁铣工序,刀轴依次选择其他 3 个切削矢量方向,"几何体"的"指定切削区底面"为各矢量方向的底面平面,其他参数保持不变,依此方法得到的对应半精加工与精加工刀路轨迹,四面特征平面加工刀路如图 5-54 所示。

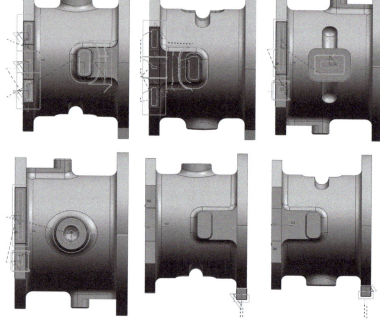

图 5-54　四面特征平面加工刀路

提示:

> "策略"栏内"精加工刀路"勾选"添加精加工刀路",主要用于精加工侧壁,在靠近壁面处增加一个或多个精加工刀路,默认步距为 5% 刀具直径。勾选这一选项,有利于减小精加工切削量,便于控制壁面加工尺寸精度和表面粗糙度。

2. 矩形凸台侧壁定向精加工(轮廓 3D)

(1)创建加工程序:轮廓 3D。参数设置如图 5-55 所示。

(2)"轮廓 3D"程序设置

矩形/圆柱凸台侧壁
精加工

● 设置几何体。单击"指定部件边界" ,边界选择如图 5-56 所示壁的边界线,"边界类型"选择"开放","刀具侧"选择"左","平面"选择"自动","刀具位置"选择"相切",单击"确定"。

● 设置刀轴。"刀轴"选择"指定矢量",选择"面/平面法向",指定刀轴如图 5-57 所示。

● 刀轨设置-切削参数设置。参数设置如图 5-58 所示。

● 刀轨设置-非切削移动设置。参数设置如图 5-59 所示。

● 刀轨设置-进给率与速度。单击"刀轨设置"栏内的"进给率和速度" ,进入到"进给率和速度"对话框,"主轴速度"栏和"进给率"栏分别设置为 6 500 r/min 和 1 000 mm/min,并单击"计算" ,其他参数默认设置。

● 生成刀路轨迹。在"操作"栏内,单击"生成" ,生成轮廓

图 5-55　插入轮廓 3D 工序

3D 加工刀路,如图 5-60 所示。

图 5-56　几何体设置

图 5-57　指定刀轴

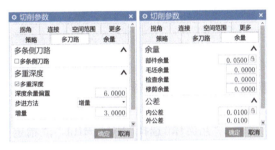

图 5-58　切削参数设置

图 5-59　非切削移动参数设置

图 5-60　轮廓 3D 加工刀路

（3）精加工工序创建　复制上述工序,并内部粘贴到"精加工"程序组中。修改部件余量为 0,完成精加工工序的创建。

中部其他侧壁特征中,均可采用"轮廓 3D"方法来实现特征的精加工,需要更改"刀轴""指定部件边界"来实现程序刀路的生成,侧壁加工刀路如图 5-61 所示。

✍ 提示：

　　轮廓 3D：是对 3D 边壁进行的轮廓铣,刀具跟随边界的边。 轮廓 3D 工序会跟随一个或多个边界来加工壁,这一过程中刀尖点 Z 向深度是跟随边界而变化的。 当在"多刀路"栏内勾选"多重深度"后,会分层切削,以满足加工要求。

183

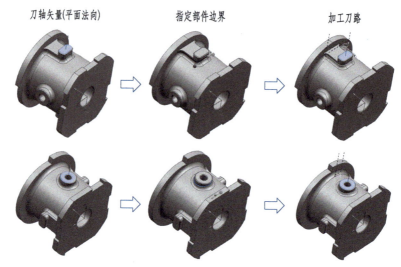

刀轴矢量(平面法向)　　　　　指定部件边界　　　　　加工刀路

图 5-61　侧壁加工刀路

两侧圆盘弧形
曲面精加工

3. 方形盘—侧弧形底面联动精加工:可变轮廓铣(曲线驱动)

(1) 创建加工程序:可变轮廓铣　参数设置如图 5-62 所示。

(2) "可变轮廓铣"程序修改设置

• 设置几何体。"几何体"选择"MCS_MILL","指定部件"选择要加工的方形盘特征底面,如图 5-63 所示。

图 5-62　插入可变轮廓铣工序

图 5-63　几何体设置

• 设置驱动方法。"驱动方法"选择"曲线/点",单击"编辑" 进入"曲线/点驱动方法"对话框。"曲线/点驱动方法"栏内,"选择曲线"选择单边特征的内部侧边,"驱动设置"的"左偏置"设置为"2.500 0 mm",如图 5-64 所示。

• 设置刀轴。设置"投影矢量"为"刀轴"。"轴"选择"垂直于部件"。这一直线为工件旋转中心轴线,"可变刀轴"沿中心轴线移动和旋转,且与中心轴线保持垂直,如图 5-65 所示。

• 刀轨设置-切削参数设置。切削参数默认设置。

• 刀轨设置-非切削移动设置。单击"刀轨设置"栏内的"非切削移动" ,"转移/快速"栏内"安全设置选项"选择"使用继承的"。

图 5-64　曲线/点驱动方法设置

• 刀轨设置-进给率与速度。主轴转速设置为 6 500 r/min 和进给率设置为 1 000 mm/min，其他参数默认设置。"操作"栏内单击"生成" ，生成的方形盘弧形底面加工刀路，如图 5-66 所示。

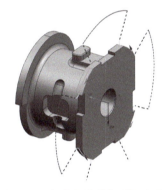

图 5-65　刀轴设置　　　　　　　　　图 5-66　方形盘弧形底面加工刀路

（3）精加工工序创建　复制上述工序，并内部粘贴到"精加工"程序组中。修改部件余量为 0，完成精加工工序的创建。

4. 圆盘一侧弧形底面联动精加工：可变轮廓铣（曲线驱动）

（1）创建加工程序：可变轮廓铣　复制"方形盘一侧弧形底面加工工序"，并粘贴到对应的程序组中，修改如下所述。

（2）"可变轮廓铣"程序修改设置

• 设置几何体。"指定部件"选择要加工的圆盘特征底面；"指定检查"选择两侧检查面，如图 5-67 所示。

• 设置驱动方法。"驱动方法"选择"曲线/点"，单击"编辑" 进入"曲线/点驱动方法"对话框，如图 5-68 所示。"曲线/点驱动方法"栏内"选择曲线"选择单边特征的内部侧边，"驱动设置"的"左偏置"设置为"-2.500 0 mm"。

• 设置刀轴。设置"投影矢量"为"刀轴"。"轴"选择"垂直于部件"。

• 刀轨设置-非切削移动。单击"刀轨设置"栏内"非切削移动" ，"退刀"栏内"退刀类型"选择"抬刀"，以避免抬刀碰到工件圆盘侧壁，如图 5-69 所示。

• 生成刀路轨迹。在"操作"栏内，单击"生成" ，生成的圆盘底面加工刀路，如图 5-70 所示。

185

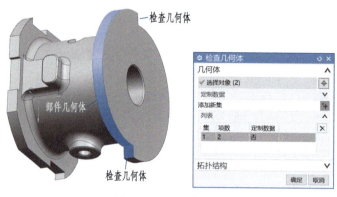

图 5-67　几何体设置

图 5-68　曲线/点驱动方法设置

（3）仿真发现，上述程序结束后，在圆盘角落和侧壁留有残留，圆盘底面加工残料示意图如图 5-71 所示，需要增加刀路，工序程序如下：复制上述圆盘联动刀路，其中"驱动曲线"设置如图 5-72 所示，垂直于弧形面的交线，"左偏置"设置为"3.000 0 mm"，其他参数默认设置，点击"确定"。

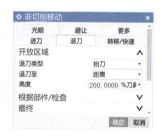

图 5-69　非切削移动设置

● 生成刀路轨迹。在"操作"栏内，单击"生成" ，生成的圆盘底面补加工刀路，如图 5-73 所示。

图 5-70　圆盘底面加工刀路

图 5-71　圆盘底面加工残料示意图

图 5-72 曲线/点驱动方法设置

（4）依次单击选中圆盘弧形底面加工工序，右击选择"对象"→"变换"，完成圆弧面底面另一半的精加工刀路，设置如图 5-74 所示。

（5）精加工工序创建 复制上述圆盘弧形底面半精加工工序，并内部粘贴到"精加工"程序组中。修改部件余量为 0，完成精加工工序的创建。

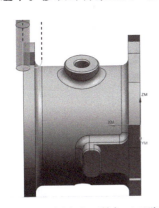

图 5-73 圆盘底面补加工刀路   图 5-74 辅助线和单边底面精加工刀路

✎ **提示：**

　　垂直于部件：刀轴中的一个选项，其含义为每一个投影的驱动点，所对应的刀轴垂直于所选的部件几何体。在本次工序中，刀轴垂直于圆盘径向底面。此外，由于所对应的圆弧面轴线不重合于圆柱中心，弧形底面由 R30、R35 两个圆弧曲面组成，所以不选择"远离直线"作为刀轴选项。

5.　⚙️圆盘侧壁及其圆角联动精加工：可变轮廓铣（曲线驱动）

（1）创建加工程序：可变轮廓铣 参数设置如图 5-75 所示。

（2）"可变轮廓铣"程序设置

● 设置几何体。"指定部件"选择 φ50 柱面，如图 5-76 所示。

● 设置驱动方法。参数设置如图 5-77 所示。

圆盘侧壁及其
圆角精加工

● 设置刀轴。"轴"选择"远离直线"。这一直线为工件旋转中心轴线，"可变刀轴"沿中心轴线移动和旋转，且与中心轴线保持垂直。点击"编辑"进入刀轴设置，其中"指定矢量"选择 XM 轴，"指定点"选择图中加工原点，如图 5-78 所示。

图 5-75　插入可变轮廓铣工序

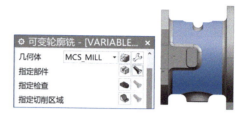

图 5-76　几何体设置

图 5-77　驱动方法设置

● **刀轨设置-非切削移动。**单击"非切削移动"对话框，"进刀"栏内"进刀类型"选择"圆弧-垂直于刀轴"，"半径"设置为"50.000 0% 刀具直径"，"斜坡角度"设置为"0.000 0"；"转移/快速"栏内"安全设置选项"选择"使用继承的"，其他参数默认设置，如图 5-79 所示。

图 5-78　刀轴设置

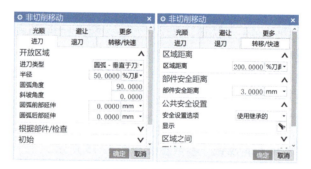

图 5-79　非切削移动设置

● **刀轨设置-切削参数。**单击"刀轨设置"栏内"切削参数"，进入"切削参数"对话框，"多刀路"栏中"部件余量偏置"设置为"12.000 0"，勾选"多重深度切削"，其中"增量"设置为"1.000 0"，如图 5-80 所示。

● **刀轨设置-进给率与速度。**主轴转速设置为 6 500 r/min 和进给率设置为 1 500 mm/min，其他参数默认设置。

• 生成刀路轨迹。在"操作"栏内,单击"生成" ,生成刀路。

复制上述工序,修改驱动线,完成另一侧圆盘侧壁及其圆角的半精加工工序,其刀路如图 5-81 所示。

(3) 精加工工序创建 复制上述圆盘侧壁及其圆角半精加工工序,并内部粘贴到"精加工"程序组中。修改部件余量为0,修改"曲线/点驱动方法"栏内"左偏置"为 0,进给速度为1 000 mm/min,完成精加工工序的创建。

图 5-80　切削参数设置

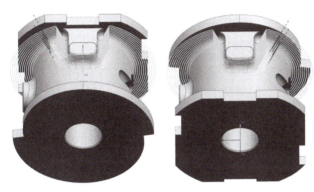

图 5-81　圆盘侧壁及其圆角刀路

6. 圆柱凸台圆角联动精加工:可变轮廓铣(曲线驱动)

(1)"曲线"栏内"更多"中,选择"抽取虚拟曲线" ,生成倒圆中心线,如图 5-82 所示。

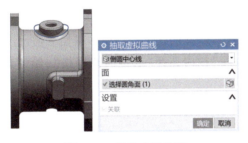

图 5-82　抽取虚拟曲线

(2) 复制圆盘侧壁及其圆角联动加工可变轮廓铣(曲线驱动)加工工序,修改如下设置:

• 设置驱动方法。单击选择刚创建的曲线,修改"曲线/点驱动方法"设置,单击"编辑" ,设置曲线"左偏置"为"0.000 0 mm",如图 5-83 所示。

• 刀轨设置-切削参数设置。"余量"栏"部件余量"继承设置为"0.000 0","多刀路"栏中,"部件余量偏置"设置为"2.000 0","增量"设置为"0.500 0",如图 5-84 所示。

• 刀轨设置-进给率与速度。主轴转速设置为 6 500 r/min 和进给率设置为 1 000 mm/min,并单击"计算" ,其他参数默认设置。

• 生成刀路轨迹。在"操作"栏内,单击"生成" ,生成的圆柱凸台圆角刀路如图 5-85 所示。

图 5-83 驱动方法设置

图 5-84 切削参数设置

图 5-85 生成的圆柱凸台圆角刀路

7. $\phi 7$ 球形槽道联动精加工:可变轮廓铣(引导曲线驱动)

球形流道槽经 R3 球头刀粗加工完成后,在螺旋槽侧壁留有最大 0.5 mm 的单边余量,同时底部有少许余量未加工,通过 R3 球头刀完成球形流道槽的侧壁和底部圆角的精加工,由于切削余量较小,同时图样尺寸没有较高的尺寸精度要求,直接精加工完成这一特征的加工。操作步骤如下:

$\phi 7$ 球形槽道精加工

(1)创建辅助面 "曲面"栏内选择"通过曲线网格",绘制球形槽道曲面,如图 5-86 所示。

图 5-86 直纹工具创建辅助面

（2）创建加工程序：可变轮廓铣　复制"φ7 球形流道联动开粗工序"，需修改参数如下所述。

（3）"可变轮廓铣"程序修改设置

● 设置几何体。"几何体"选择"MCS_MILL"，"指定部件"为工件几何和流道槽辅助曲面，"指定切削区域"为流道槽曲面，如图 5-87 所示。

图 5-87　几何体设置

● 设置驱动方法。"方法"选择"引导曲线"，单击"编辑" 进入"引导曲线驱动方法"对话框。"驱动几何体"栏内"模式类型"选择"恒定偏置"，"引导曲线"选择一条相切线。"切削"栏内"切削模式"选择"螺旋"，"切削方向"选择"沿引导线"，"切削顺序"选择"朝向引导线"，"精加工刀路"选择"两者皆是"，"步距"选择"数量"，"距离"设置为"0.100 0 mm"，如图 5-88 所示。

● 刀轨设置-进给率与速度。"主轴速度"栏和"进给率"栏分别设置为 6 500 r/min 和 1 000 mm/min，并单击"计算"，其他参数默认设置。

● 生成刀路轨迹。在"操作"栏内，单击"生成"，生成的球形槽道刀路，如图 5-89 所示。

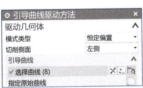

图 5-88　驱动方法设置

图 5-89　球形槽道刀路

✎ 提示：

几何体选择：

（1）当选择 MCS_MILL 作为几何体，同时不指定部件时，仅使用加工坐标系与继承安全平面，此时刀路投影不起作用，此类方法常用于以实际加工面或者线作为驱动面或者驱动线。如本次案例中的球形流道槽特征的联动开粗工序。

（2）当选择 MCS_MILL 作为几何体，同时选择面或片体作为部件时，此时刀路投影矢量起作用，通常用于实际加工部件曲面 UV 不规则，需要做光顺的辅助面，这样可以把驱动面上光顺的刀轨投影到实际加工面上，如当加工"十二生肖模型""弥勒佛""维纳斯"等工艺品时，常常采用这一方法。

（3）当选择 MCS_MILL 作为几何体，同时选择实体、片体或面的组合作为部件，选择加工面作为切削区域时，这种方法常用于一些几何结构不规则，但又想产生一个比较光顺的刀路，可以在部件中做一个辅助面，用来补全几何结构，从而获得较为光顺的刀路。本次工序采用了这一几何体的设置；当不指定部件时，也可以生成相同的刀路，但刀路容易产生过切等现象。

（4）当选择 WORKPIECE 作为几何体时，这种选择方式在计算刀路的过程中，计算速度较慢，刀路由驱动面沿投影矢量投影到部件上。当部件结构不规则时，生成的刀路不易光顺；但当加工部件几何结构比较复杂时，编程人员为保证安全，利用 WORKPIECE 作为几何体，具有部件保护功能，防止生成的刀路对部件几何产生过切或碰撞。

在多轴工序的编制中与三轴工序不同的是，经常选择 MCS_MILL 作为几何体，需要加工的面或片体作为部件和切削区域，这种方法计算刀路比较快、刀路比较光顺。除了上述情况外，"几何体""指定部件"和"指定切削区域"的不同组合，还可以产生其他不同的刀路。

8. 🏃 φ50 柱面联动精加工：旋转底面铣

（1）创建加工程序：旋转底面铣。参数设置如图 5-90 所示。

（2）"旋转底面铣"程序设置

φ50 柱面
精加工

• 设置几何体。"指定底面"选择 φ50 圆柱曲面。"指定壁"选择 φ50 两侧侧壁，如图 5-91 所示。

图 5-90　插入旋转底面铣工序　　　　图 5-91　几何体设置

• 设置驱动方法。单击"编辑" 🖊 进入"旋转底面精加工驱动方法"对话框。"部件轴"中的"旋转轴"选择"+XM"。"方向类型"选择"沿轴向"，"切削模式"选择"往复"，"最大残余高度"设置为"0.010 0"，如图 5-92 所示。

• 刀轨设置-切削参数设置。参数设置如图 5-93 所示，"余量"栏内"壁余量"设置为"0.010 0"（防止加工底面时，刀杆碰伤侧壁）和"底面余量"设置为"0.050 0"。

• 刀轨设置-进给率与速度。主轴转速设置为 6 500 r/min 和进给率设置为 1 500 mm/min，其他参数默认设置。

• 生成刀路轨迹。在"操作"栏内，单击"生成" 🏃 ，生成的圆柱面刀路如图 5-94 所示。

（3）精加工工序创建　复制上述 φ50 柱面联动加工，即旋转底面铣半精加工工序，并内部粘贴到"精加工"程序组中。修改驱动方法中的设置，将"最大残余高度"设置为"0.003 0"。

修改切削参数中的"底面余量"为 0,完成精加工工序的创建,圆柱面精加工刀路如图 5-95 所示。

图 5-92 驱动方法设置

图 5-93 切削参数设置

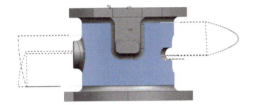

图 5-94 圆柱面刀路

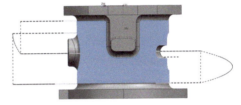

图 5-95 圆柱面精加工刀路

● **仿真验证刀路。** 选中已经创建的精加工工序,全部精加工刀路如图 5-96 所示。

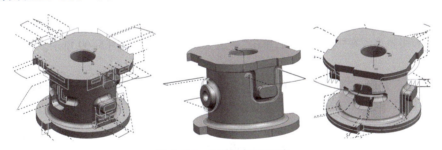

图 5-96 全部精加工刀路

右击选择"刀轨"对话框中的"确认刀轨" ,在"刀轨可视化"中选择"3D 动态",精加工仿真结果如图 5-97 所示。

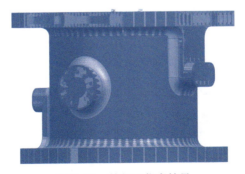

图 5-97 精加工仿真结果

193

5.4.4　钻孔–铰孔加工程序编制

1. 钻孔

（1）创建加工程序：钻孔。在 hole_making 下的工序子类型中选择"钻孔"命令，选择"钻铰孔"程序组，刀具选择 ZT5.8 钻头，其他为默认。

（2）"钻孔"程序设置

钻铰孔

- 设置几何体–指定特征几何体。参数设置如图 5-98 所示。

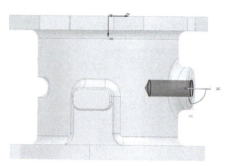

图 5-98　指定孔特征

- 刀轨设置–基本设置。
- 刀轨设置–进给率与速度。
- 生成刀路轨迹。在"操作"栏内，单击"生成" 生成刀路，如图 5-99 所示。

2. 铰孔

复制"钻孔"工序，"刀具"选择"JD6"。在"循环"栏内选择"钻"。主轴转速设置为 800 r/min 和进给率为 50 mm/min。在"操作"栏内，单击"生成"按钮 ，生成刀路。

3. 倒角

（1）创建加工程序：平面轮廓铣　在 mill_planar 下的工序子类型中选择"平面轮廓铣"命令，选择"倒角"程序组，刀具选择 DJ8 倒角刀，其他为默认。

（2）"平面轮廓铣"程序设置

倒角加工

- 设置几何体–指定部件边界与底面。几何体中需指定部件边界和底面，参数设置如图 5-100～图 5-102 所示。

图 5-99　钻孔刀路

图 5-100　几何体设置

图 5-101 部件边界设置

图 5-102 指定底面设置

● 设置刀轴。"刀轴"设置为"指定矢量",选择"面/平面法向",如图 5-103 所示。

● 刀轨设置-非切削移动。开放区域进刀类型设置为"圆弧",半径为"10% 刀具直径",高度为"1 mm",封闭区域进刀类型与开放区域相同;"起点/钻点"栏内的"重叠距离"设为 1 mm,其他为默认设置。

● 刀轨设置-进给率与速度。单击"刀轨设置"栏内"进给率和速度" 🔧,进入"进给率和速度"对话框,"主轴速度"栏和"进给率"栏分别设置为 4 500 r/min 和 800 mm/min。

● 生成刀路轨迹。在"操作"栏内,单击"生成" 📁,生成刀路。

其他位置倒角与上述倒角程序一致,可采用"平面轮廓铣"来实现特征的定轴倒角加工,只需要更改"指定底面"和"指定部件边界"即可,生成的倒角刀路,如图 5-104 所示。

图 5-103 指定刀轴矢量   图 5-104 倒角刀路

> **提示:**
>
> 在"非切削移动"中"起点/钻点"栏"重叠距离"设置为"1 mm",这一方法可以消除刀痕,或者将该栏的"指定点"设在拐角处,也可消除进退刀的刀痕。

5.4.5　仿真验证工序并输出程序

1.　仿真验证工序

（1）全部加工工序创建完成后,选中全部程序组,如图 5-105 所示。

（2）在工序导航器中,单击"程序顺序视图" ,然后在"主页"中单击"确认刀轨" 进入软件仿真界面,单击"播放" ,进行过切检查及碰撞检查验证,结果无过切和加工残留。

2.　输出程序

验证无误后,分别按工序选中并右击"后处理" ,进行后处理输出,生成 NC 程序,如图 5-106 所示。

图 5-105　加工程序组和加工仿真结果

图 5-106　程序后处理

5.5　环绕基座零件的虚拟仿真与实际加工

完成零件的数控加工编程后,可以通过虚拟仿真软件进行虚拟加工仿真,验证加工过程中是否会发生碰撞与过切现象。现对环绕基座零件的虚拟仿真加工进行说明。

5.5.1　环绕基座零件的虚拟仿真验证

由于零件加工机床、毛坯及装夹等工艺方案与第 3 章双侧环道零件一致,因此虚拟仿真加工的虚拟机床、刀具、夹具等可以使用已配置完成的仿真文件,仅需要导入加工程序文件,即可完成零件的虚拟仿真加工。

环绕基座零件
加工仿真

（1）打开机床虚拟加工仿真文件　打开上一章节配置好的机床虚拟仿真加工文件。

（2）导入数控程序

（3）机床仿真操作　虚拟加工仿真结果如图 5-107 所示。

5.5.2　环绕基座零件的加工

环绕基座零件的加工机床、毛坯及装夹等工艺方案，与第 3 章中的双侧环道零件一致。加工完成后的零件，如图 5-108 所示。

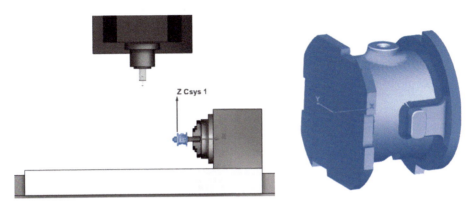

图 5-107　虚拟加工仿真结果

图 5-108　加工完成的零件

5.6　实例小结

本章对环绕基座零件进行了三维建模并制定了加工工艺方案，对其进行了多轴定向和联动加工编程、仿真与实际加工。采用型腔铣、可变轮廓铣、深度加工拐角等工序方法进行了开粗加工的程序编制；通过底壁铣、轮廓 3D、可变轮廓铣、旋转底面铣等工序方法完成了半精加工和精加工程序编制；应用钻孔、铰孔和平面轮廓铣工序完成了零件的孔加工与倒角加工。

● 加工技巧。通过对工件几何模型的修改，将单向公差尺寸修改为对称公差尺寸，避免了加工编程中的余量设置计算；对非切削移动中的进退刀设置进行了说明，以球形流道槽开粗加工为例说明了"退刀"的注意点；创建辅助曲面用于加工球形流道槽，刀路光顺、无跳刀；使用"抽取虚拟曲线"命令创建辅助曲线，用于加工圆柱凸台圆角曲面的驱动曲线；切削参数中的策略栏内可选择"添加精加工刀路"以提高加工表面质量；应用加工仿真，发现了弧形底面漏加工区域，并对其进行了补加工；可变轮廓铣（曲线驱动）加工工序方法是典型的多轴加

197

工命令,应用于圆盘内侧壁、圆盘弧形底面、圆柱凸台圆角曲面等多个特征的联动加工;对多轴工序中的刀轴选项"垂直于部件"进行了说明,用于圆盘弧形底面的加工;"旋转底面铣"工序方法用于加工 $\phi50$ 圆柱面的半精加工和精加工,需要考虑刀路的走向,使其沿轴向往复加工,避免工件加工时反复周向转动加工,这一特征也可以通过几何展开生成 2D 平面铣的刀轨,以 2D 刀轨点集缠绕驱动生成 3D 加工刀路,但操作相对烦琐。

▶▶ 附件1
多轴数控加工职业技能
等级证书（中级）考核
大纲

1. 考核方式

考核分为理论知识考试、技能操作考核等考核方式。理论知识考试采用闭卷方式,操作技能与职业素养考核同步考核,采用现场实际操作方式。理论知识考试与技能操作考核均实行 100 分制,两项成绩皆合格者方能取得职业技能等级证书,每项成绩的有效期为半年。

考核时间:理论知识考试时间为 60 分钟,技能操作考核时间为 240 分钟。

表 1　多轴数控加工中级考核项目

工作领域	工作任务	职业技能要求	考核方式			
			理论	占比/%	实操	占比/%
1. 工艺与程序编制	1.1 工艺文件编制	1.1.1 能够根据机械制图国家标准,运用机械制图的理论知识,识读零件图、装配图,说明零件加工要求和装配关系。	√	20	√	5
		1.1.2 能够根据机械制图国家标准,使用 CAD 软件,运用绘图方法和技巧,绘制零件图及装配图。				
		1.1.3 能够使用机械加工工艺手册、多轴数控加工工艺手册,完成零件多轴数控加工工艺的优化。				
		1.1.4 能够根据多轴数控加工工艺规程,使用刀具手册,完成刀具的合理选用及切削用量等工艺参数的确定。				
		1.1.5 能够根据给定的加工工艺方案,使用工艺手册,完成零件的数控加工工艺文件的填写。				
	1.2 手动编程	1.2.1 能够根据多轴数控机床编程手册,运用编程方法与技巧,完成由直线、圆弧组成的连续轮廓数控铣削加工程序的编写。	√	5	√	5
		1.2.2 能够根据多轴数控机床编程手册,运用编程方法与技巧,完成三维点位的孔类加工程序编写。				
		1.2.3 能够根据多轴数控机床编程手册,使用固定循环的方法,完成程序的简化编写。				
		1.2.4 能够根据多轴数控机床编程手册,运用旋转刀具中心点(刀尖跟随)指令,完成相应加工程序的编写。				
	1.3 自动编程与程序校验	1.3.1 能够根据工作任务的要求,熟练使用一种 CAD/CAM 软件,完成公式曲线等基本曲线模型的构建。	√	5	√	20
		1.3.2 能够根据工作任务的要求,熟练使用一种 CAD/CAM 软件,完成常规曲面模型的构建。				
		1.3.3 能够根据零件特点及工作任务要求,使用 CAD/CAM 软件,完成四轴联动或五轴定向加工的编程。				

工作领域	工作任务	职业技能要求	考核方式			
			理论	占比/%	实操	占比/%
1. 工艺与程序编制	1.3 自动编程与程序校验	1.3.4 能够根据多轴数控机床编程手册,选用后置处理器,生成数控加工程序。	√	5	√	20
		1.3.5 能够根据多轴数控加工编程规范,使用加工仿真软件,完成数控加工程序的安全检查和校验。				
2. 零件多轴数控加工与检测	2.1 加工准备	2.1.1 能够根据工艺规程的要求,运用机械加工工艺和夹具的理论知识,确定加工定位基准并选用合适的夹具。	√	10	√	15
		2.1.2 能够根据零件结构特点和加工要求,使用多轴数控机床通用夹具或专用夹具,完成零件的装夹与找正。				
		2.1.3 能够根据选定的刀具的特性,使用刀具测量设备,按照刀具参数测量方法,完成刀具半径和长度的测量。				
		2.1.4 能够根据加工工艺要求,运用刀具和刀柄的相关知识,选择配套刀柄并获取相应的刀柄信息,完成刀柄的安装。				
		2.1.5 能够根据刀具的磨损情况,使用刃磨工具设备,修磨刀具。				
	2.2 多轴数控机床操作	2.2.1 能够根据机床型号、结构及特点,使用数控机床手册,完成多轴数控机床运动方式与结构的描述。	√	10	√	20
		2.2.2 能够根据多轴数控机床操作手册,使用操作面板上的常用功能键,完成多轴数控机床的规范操作。				
		2.2.3 能够根据多轴数控机床操作手册,运用不同的程序传输方法,完成加工程序的输入、编辑。				
		2.2.4 能够根据多轴数控加工的精度要求,使用对刀仪器及多种对刀测量方法,完成多轴数控机床对刀操作和工件坐标系的设置。				
		2.2.5 能够根据多轴数控机床操作手册,使用机床刀具管理功能,完成刀具及刀库的参数设置,实现自动换刀。				
	2.3 多轴数控加工与产品检测	2.3.1 能够根据零件加工要求,使用五轴数控机床分度定向功能,在锁定旋转轴的情况下完成轮廓、孔类和曲面等特征的加工。并达到如下要求: (1)尺寸公差等级:IT7 (2)几何公差等级:IT8 (3)表面粗糙度值:$Ra1.6~\mu m$	√	30	√	30

工作领域	工作任务	职业技能要求	考核方式			
			理论	占比/%	实操	占比/%
2. 零件多轴数控加工与检测	2.3 多轴数控加工与产品检测	2.3.2 能够根据工作任务及加工工艺的要求,运用四轴联动的加工方法,完成具有规整曲面、螺旋槽等特征的零件加工。	√	30	√	30
		2.3.3 能够根据零件检测要求,运用产品检测和量具校正的方法,完成量具的选用和校正,并正确安装和调整检测装置。				
		2.3.4 能够根据产品加工质量管理要求,运用测量工具与测量方法,完成零件加工精度的检验和分析。				
3. 多轴数控机床维护	3.1 多轴数控机床日常维护	3.1.1 能够根据多轴数控机床维护保养手册,运用多轴数控机床的维护保养的工具和方法,完成液压系统、主轴润滑系统、导轨润滑系统定期或不定期的维护保养。	√	5	√	5
		3.1.2 能够根据多轴数控机床维护保养手册,运用多轴数控机床的维护保养方法,完成冷却系统、气压系统检查和维护。				
		3.1.3 能够根据多轴数控机床维护保养手册,运用多轴数控机床的维护保养方法,完成数控系统的清理和软件更新。				
		3.1.4 能够根据多轴数控机床维护保养手册,运用多轴数控机床的维护保养工具和方法,完成机械部件定期或不定期的检查及维护。				
	3.2 多轴数控机床故障处理	3.2.1 能够根据数控系统的报警信息,使用数控机床手册,按工作流程完成常见 PLC 报警信息的处理。	√	5	×	
		3.2.2 能够根据数控系统的报警信息,使用数控机床手册,完成急停报警信息的处理及解除恢复。				
		3.2.3 能够根据数控系统的报警信息,使用数控机床手册,按工作流程完成常见系统操作错误报警信息的处理。				
		3.2.4 能够根据数控系统的报警信息,使用数控机床手册,按工作流程完成常见程序传输报警信息的处理。				

续表

工作领域	工作任务	职业技能要求	考核方式			
			理论	占比/%	实操	占比/%
4. 新技术应用	4.1 数控机床误差补偿	4.1.1 能够根据数控系统使用说明书，使用自适应补偿功能，完成机床的热误差自适应的补偿。	√	3	×	
		4.1.2 能够根据数控系统使用说明书，运用检测工具，完成热误差补偿之后的数控机床检测。				
		4.1.3 能够根据数控系统使用说明书，运用误差分析及补偿工具，完成机床直线度误差的补偿。				
		4.1.4 能够根据数控系统使用说明书，运用误差分析及补偿工具，完成机床俯仰误差的补偿。				
	4.2 数控机床智能管理	4.2.1 能够根据数控系统使用说明书，使用监控工具，完成数控机床运行状态和数据的调用与监控。	√	3	×	
		4.2.2 能够根据数控系统使用说明书，使用数据分析工具，完成数控机床运行数据的分析。				
		4.2.3 能够根据数控系统使用说明书，使用加工状态评估工具，完成数控机床加工状态的分析评估。				
		4.2.4 能够根据数控系统使用要求，使用参数优化工具，完成数控机床关键控制参数的优化。				
	4.3 数控机床远程运维服务	4.3.1 能够根据数控机床远程运维操作手册，完成数控机床远程运维平台的连接。	√	4	×	
		4.3.2 能够根据数控机床远程运维操作手册，使用远程运维平台，完成数控机床设备工作状态、生产情况的远程监控。				
		4.3.3 能够根据数控机床远程运维操作手册，使用远程运维平台，完成数控机床工作效率的统计。				
		4.3.4 能够根据数控机床远程运维操作手册，使用远程运维平台，及时发现和处理报警信息。				
合计				100		100

2. 理论知识考试方案

（1）组卷

理论知识组卷从题库中选题，题型包括：单选题、多选题、判断题。方案用于确定理论知识考试的题型、题量、分值和配分等参数。

（2）考试方式

采用计算机机考，从题库抽题组卷，自动评卷。

总配分为 100 分，考试时间为 60 分钟。

（3）理论知识组卷方案

表 2　理论知识组卷方案

题型	考试方式	鉴定题量	分值/（分/题）	配分/分
单选题		60	1	60
判断题	闭卷	25	0.4	10
多选题		15	2	30
小计	—	100	—	100

3. 技能操作与职业素养考核方案

（1）组卷

鉴定考卷包含任务书、考件工程图、准备单、评分细则等文件。

（2）考试方式

编程题和操作题在鉴定设备上进行。

总配分为 100 分，考试时间为 240 分钟。

（3）考核材料

考核用材料为铝合金 2A12，数量为 1 件。

（4）加工要素

考核加工要素包括平面中的平面、垂直面、斜面、阶梯面、倒角铣削加工，轮廓中的直线、圆弧组成的平面轮廓（型腔、岛屿）铣削加工，曲面中常规曲面特征（以拉伸、旋转、扫掠的方式建模）的铣削加工、孔类中（通孔、盲孔）的钻孔、扩孔、铰孔、铣孔等加工内容，槽类中的直槽、键槽、T 形槽等加工内容。

表 3　命题中的加工要素表

加工要素	考件
水平面	必要
垂直面	必要
斜面	必要
阶梯面	必要
倒角	必要
平面轮廓（型腔、岛屿）	必要
曲面铣削	必要
钻孔、扩孔、铰孔、铣孔	必要
镗孔、攻螺纹	可选
直槽、键槽、T 形槽	可选
表面粗糙度值要求	必要
几何公差要求	必要
五轴定位要求（使用五轴机床）	必要
四轴联动要求（使用四轴机床）	必要

（5）加工精度要求

加工等级最高为：尺寸公差等级达 IT7 级，几何公差等级达 IT8 级，表面粗糙度值达到 $Ra1.6\ \mu m$。

（6）工作任务评分标准

表 4　工作任务评分标准

序号	一级指标	比例	二级指标	分值
1	零件加工	90%	工件完成程度	10
			工件加工的尺寸精度	60
			几何公差要求	10
			表面粗糙度值要求	10
2	职业素养与操作安全	10%	6s 及职业规范	10
			安全文明生产（扣分制）	-5

（7）考核设备

1）考点配置的四轴加工中心其 A 轴旋转台直径不小于 160 mm，主轴转速不小于 8 000 r/min；每个考点建议配置四轴加工中心 5～10 台。

2）考点配置的五轴加工中心其回转工作台直径不小于 200 mm，主轴转速不小于 8 000 r/min；五轴加工中心数控系统应具备 TCPM（刀具中心点管理）功能。每个考点建议配置五轴加工中心 5～10 台。

3）现场每台机床配置装有 CAD/CAM 软件的高性能计算机及相应的机床附件。五轴加工要求配置仿真软件，加工程序在仿真无误后方能上机床加工。

4）刀具、量具考生自带，清单由考试中心提前 3 个月公布。

5）考点应使用三坐标检测设备测量工件。

6）考点应配备摄像及加工设备现场数据采集装置，使考试中心可以实时监控考点并留下历史记录。

（8）考核人员配置

考核人员与考生的比例不小于 1∶3。

（9）场地要求

1）采光

应符合 GB/T 50033—2013 的有关规定。

2）照明

应符合 GB 50034—2013 的有关规定。

3）通风

应符合 GB 50016—2014 和工业企业通风的有关要求。

4）防火

应符合 GB 50016—2014 有关厂房、仓库防火的规定。

5）安全与卫生

应符合 GBZ 1—2010 和 GB/T 12801—2008 的有关要求。安全标志应符合 GB/T 2893

和 GB 2894—2008 的有关要求。

4. 其他考核

根据各试点院校及企业的需要,可以答辩、研发成果、项目课题等替代相关考核成绩,从而获取职业技能等级证书。具体的形式和内容,由相关单位与培训评价组织武汉华中数控股份有限公司共同制定方案。

▶▶ 附件2
案例工程图样

1. 花型零件工程图

2. 双侧环道零件工程图

3. 矩形方台零件工程图

4. 环绕基座零件工程图

参考文献

[1] 薛庆红.公差配合与技术测量[M].北京:高等教育出版社,2018.

[2] 张喜江.多轴数控加工中心编程与加工[M].北京:高等教育出版社,2018.

[3] 王振宇.数控加工工艺与CAM技术[M].北京:高等教育出版社,2016.

[4] 李玉伟,罗冬初.UG NX 10.0多轴数控加工教程[M].北京:机械工业出版社,2020.

[5] 张浩,易良培.UG NX 12.0多轴数控编程与加工案例教程[M].北京:机械工业出版社,2020.

[6] 夏雨.UG NX 10.0数控加工编程实例精讲[M].北京:机械工业出版社,2019.

[7] 北京兆迪科技有限公司.UG NX 12.0数控加工教程[M].北京:机械工业出版社,2018.

[8] 郑贞平,黄云林,陈思涛.VERICUT 7.3数控仿真技术与实例详解[M].北京:机械工业出版社,2015.

[9] 杨伟群.数控工艺培训教程（数控铣部分）[M].北京:清华大学出版社,2006.

[10] 陈洪涛.数控加工工艺与编程(第4版)[M].北京:高等教育出版社,2021.

[11] 董建国,龙华,肖爱武.数控编程与加工技术[M].北京:北京理工大学出版社,2011.

[12] 詹华西.数控加工与编程[M].成都:西南交通大学出版社,2015.

[13] 张棉好,徐绍娟.数控铣削项目实训教程[M].北京:中国铁道出版社,2012.

[14] 明兴祖.数控加工技术[M].北京:化学出版社,2015.

[15] 宋放之.机械部件数控工艺与加工综合实训:全国职业院校技能大赛典型案例与赛题集[M].北京:高等教育出版社,2012.

[16] 马雪峰.数控编程与加工技术[M].北京:高等教育出版社,2009.

[17] 卓良福,邱道权.现代制造技术技能竞赛加工案例集锦:数控铣工赛项[M].武汉:华中科技大学出版社,2012.

[18] 许孔联,赵建林,刘怀兰.数控车铣加工实操教程(中级)[M].北京:机械工业出版社,2021.

[19] 钱斌.数控加工中心技术(上册)[M].上海:上海科学技术出版社,2016.

[20] 曹焕亚,蔡锐龙.Surfmill9.0典型精密加工案例教程[M].北京:机械工业出版社,2021.

[21] 陈华,林若森.零件数控铣削加工[M].北京:北京理工大学出版社,2019.

读者意见反馈

为收集对教材的意见建议,进一步完善教材编写并做好服务工作,读者可将对本教材的意见建议通过如下渠道反馈至我社。

咨询电话　　400-810-0598

反馈邮箱　　gjdzfwb@pub.hep.cn

通信地址　　北京市朝阳区惠新东街4号富盛大厦1座

　　　　　　高等教育出版社总编辑办公室

邮政编码　　100029